星云大师·唐歌

塵缘

诚義题

感恩父母所赐，我最满意的是手

无光便是了尘人　但现世间度沉沦
若人能识真面目　有缘无缘在自心
要了尘缘非容易　堪破放下悟真谛
星云法界布满时　虹光无量照寰宇

果宣师父题

唐歌 著

Tang Girl

尘缘

蒙星云大师赐名

世界知识出版社

图书在版编目（CIP）数据

尘缘 / 唐歌 著 .—北京：世界知识出版社，

2016.8

ISBN 978-7-5012-5247-3

I. ①尘… II. ①唐… III. ①人生哲学—通俗读物

IV. ① B821-49

中国版本图书馆 CIP 数据核字（2016）第 140779 号

尘　缘

Chen Yuan

作　　者	唐　歌	策　　划	世知东方
责任编辑	薛　乾	特邀编辑	李　倩
责任出版	王勇刚	装帧设计	周周设计局
内文制作	宁春江		
出版发行	世界知识出版社		
地　　址	北京市东城区干面胡同 51 号（100010）		
网　　址	www.ao1934.org　www.ishizhi.cn		
联系电话	010-58408356　010-58408358		
经　　销	新华书店		
印　　刷	北京市松源印刷有限公司		
开本印张	710×1000 毫米 1/16　17.5 印张　彩插 2		
字　　数	213 千字		
版次印次	2016 年 9 月第一版 2016 年 9 月第一次印刷		
标准书号	ISBN 978-7-5012-5247-3		
定　　价	32.00 元		

目 录

第三篇

修行，路在脚下

第四篇

有趣地生活，诗意地老去

附录

心如琉璃

愿尘缘的甘露，润泽苍生

潘宗光

认识本善居士，是在二〇〇七年的夏天，当时我受邀参加法门寺举办的“法门之光”夏令营，在法堂、舍利塔旁多次遇到当时身为辅导员的她，瘦弱的身躯后总是一串学生，或是她的粉丝。二〇〇八年的“法门之光”，本善居士作为联络人，一直尽心帮我安排行程和工作，接触多了，知道她学佛精进，为人善良，做事极为认真。后来在大学里和学生们交流，我请她来做义工，她一路欢喜，和很多同学结善缘。

二〇〇九年，得知她创办的水滴学堂一直在做着润物细无声的善举。她用清新的文字，娓娓道来，让许多人的心灵得以慰藉。这一切她做得十分坦然和自然。

二〇一〇年，受邀为她成立的三立书院做首场演讲，我觉得很荣幸。听说那天汇聚了西安三十多所大学的两千多名学生。后来还听说三立书院完全是公益的，书院命名是从儒家的立言、立德、立功思想而来，是根据当下社会实际，本着立身、立业、立国的思想，为大学生做的一个公益学堂。

再后来还听说她创办淑女学堂，倡导当代女性生活禅的智慧，塑造品质女人。告诉女孩们："因为一个女人的美好，会影响到一个家庭的幸福，进而改变一个社会。"

作为一个教育工作者，我欣赏曾国藩先生的"以言诲人，是以善教人；以德熏人，是以善养人"。

随着交往的深入，我们成了忘年之友，在众多善因好缘的牵引下，我们成了菩提道上的善友。本善居士是一个才华出众的佛弟子，能操琴，亦善书，怀抱着慈悲济世的历史使命感，一路向前。

日前，本善居士来函说书即将出版，向我索序。想想这几年的交往，就这么一路写来，"事物的价值源于人心的价值，在现代社会中，真实价值之所以隐没在虚伪的繁华之下，犹如一滴水隐没在沙漠之下"，盼望着隐没在尘缘之下的法语甘露，可以润泽天下苍生。

祈愿人们：与人为善说好话，从善如流做好人，心甘情愿行好事，皆大欢喜存好心，认真过好每一天。

（本文作者系香港理工大学前校长）

感恩善缘，感恩分享

“尘缘”这个书名是二〇〇七年师父上人给起的。当时想将自己的一些文字结集成册，起名为“佛原本是前生定”，师父说：“不上口，不容易流传，我给你改个名字可好？”于是就有了“尘缘”这个名字。我也答应师父上人，出一本可以悦己娱人的小书。

没想到，出书这件事一搁就是好几年。一次无意间去书店，发现现在真的是书海，自己又有些懒，就这样搁置下来了。这几年里，我写了博客，也有了微博，依旧写着我的文字。有一天，一个朋友对我说：“你写的是那种平时一看没有什么，生病了看，可以治病的文字。”初听没能够理解，后来思量，我现在的文字大概可以做到道不远人了吧。

一日看丰子恺的书，为完成对弘一大师的承诺，他画了六本《护生画集》。我感到十分惭愧，对师父上人的承诺言犹在耳，不敢不怀着惴惴的心理，将文字交了。亦希望可以与众有所收获。

上面的文字写于二〇〇九年，那一年信心满满地准备出书，结果到书店一去就又放弃了，这一放又是经年。日前在寺院讲课，受到朋友们鼓励，才再度鼓起勇气，将二〇〇九年的文字做了修改，增补了一些近年的文字。

说实话，增补实在是为难。经年累月一路写来，要从这百万多的文字中挑选出二十余万来奉献诸位善友，真是不易。在此万分感恩诸位的善缘，感恩您的分享。

第一篇　水滴虽微，渐盈大器

欢喜的人要下雨

我说的小龙女，不是金庸大侠笔下的那个美貌绝伦、武功了得、不食人间烟火的小龙女，而是龙王的女儿。龙王在天上，小龙女在人间。

龙王是神话传说中统领水族的王，掌管兴云降雨。龙王之职就是兴云布雨，为人消灭炎热和烦恼，龙王治水成了民间普遍的信仰。道教《太上洞渊神咒经·龙王品》称，“国土炎旱，五谷不收，三三两两莫知何计时”，元始天尊乘五色云来临国土，与诸天龙王等宣扬正法，普救众生，大雨洪流，应时甘润。

今年龙王就发了龙脾气，拗着不给我们的山河大地以润泽。我们想尽办法，用高射炮人工增雨，民间的老百姓用社火、傩舞祈雨，终于在我们的期盼下，本周算是下了一场像样的雨，基本缓解了去冬今春的旱情。尽管今年的旱情影响了关中的小麦生长，但收成还是一定的，只盼着龙天的护佑，风调雨顺，别再生出许多枝节。经济危机的灰霾已经让人们紧绷的神经即将断裂，若再出现粮食危机，后果不堪设想。上天有好生之德，相信不会再雪上加霜了吧。

小龙女是龙王美丽的小女儿，也喜欢兴云布雨。不过她下的雨是润物细无声的和风细雨，是播洒在人们心田的小雨点，滋润人们干涸的心田。

水滴学堂自开办以来，每周都要给大家做分享。最初是非常艰涩的，每周想尽办法将自己的一点法喜用文字表达出来，和大家分享。写得辛苦，写完还要一一发送给大家。很长时间发出的信如同石沉大海，没有任何回声，我时常盯着邮箱发呆，甚至怀疑我是否发过这些信件。

尽管我的发心是利益众生，但是当一次次的邮件发出没有回音时，我有种独角戏的孤独和寂寞，沮丧和委屈一点点在心中生起。在我被巨大的惆怅湮没的某个瞬间，我接到一个遥远的电话，那期我分享的是一个关于孝亲的话题，电话那头一个陌生的声音对我说："谢谢你的分享，我忙于工作，已经很久没有记起父母了，幸好看到你的文字。"顿时我心中的委屈一下子井喷，呢喃着说："谢谢，谢谢。"

如果没有那通电话，也许不会有今天的水滴学堂，随后师妹、师姐的加入分担了许多水滴学堂的工作。每周我依然在写，因为我知道有很多人在期待着水滴学堂的分享。

贤法师为我开示说，龙王下雨，不是喜欢谁就给谁多下点，不喜欢谁就少下点，而是润泽一方，普救众生。一直都知道菩萨是"不为自己求安乐，但愿众生得离苦"，事到自己就忘记了。师父说："希望你做一个小龙女，将你的小雨滴下好就可以了，有缘无缘自有时。有慧根的自然生根发芽；根性钝的，慢慢培养；没有根性的，也就随他去了。诸佛菩萨也有未度尽的众生，何劳挂碍。"

师父的一席话，令我醍醐灌顶。我是太着相了，回信了能怎样？不回又能怎样？反正自开办学堂至今，我从未想过要为自己怎样过，抱定初心，做一个涤荡尘世污浊的小水滴，融化我来成就你。欢喜的，要下雨，不欢喜的，也下雨，所谓千古文章事，得失寸心知。

禅悦

杯子里的水，如果晃动不止，就不能如实地折射出外部的事物，我们的心也一样。

在面对太多生活压力的今天，我们的心时刻都在躁动不安。我们需要让自己的心安静下来。"跟你在一起我内心觉得很平和、很安静。"其实是一种禅的智慧让我们变得平和安静。

《大学》中道：“知止而后有定，定而后能静，静而后能安，安而后能虑，虑而后能得。”原来我们的生活中处处充满了禅意。

宋代禅宗大师青原行思提出参禅的三重境界：“参禅之初，看山是山，看水是水；禅有悟时，看山不是山，看水不是水；禅中彻悟，看山仍然山，看水仍是水。”佛家讲究入世与出世，于尘世间理会佛理之真谛。人之一生，从垂髫小儿至垂垂老者，匆匆的人生旅途中，我们的人生也经历着三重境界。

人生之初纯洁无瑕，初识世界，一切都是新鲜的，眼睛看见什么就是什么，人家说这是山，就认识了山，告诉我们这是水，就认识了水。

随着年龄渐长，经历的世事渐多，就发现了这个世界的问题。这个世界的问题越来越多，越来越复杂，经常是黑白颠倒，是非混淆，无理走遍天下，有理寸步难行，好人无好报，祸害活千年。进入这个阶段，人是激愤的，不平的，忧虑的，疑问的，警惕的，复杂的。人不愿意再轻易地相信什么。人在这个时候看山也感慨，看水也叹息，借古讽今，指桑骂槐。山自然不再是单纯的山，水自然不再是单纯的水。

倘若留在人生的这一阶段，那就苦了这条命了。人就会这山望着那山高，不停地攀登，争强好胜，与人比较，怎么做人，如何处世，绞尽脑汁，机关算尽，永无满足的一天。因为这个世界原本就是一个圆，人外还有人，天外还有天，循环往复，绿水常流。而人的生命是短暂的、有限的，哪里能够去与永恒和无限计较呢？

许多人到了人生的第二重境界就到了人生的终点。追求一生，劳碌一生，心高气傲一生，最后发现自己并没有达到自己的理想，抱恨终生。

但是有一些人通过自己的修炼，终于把自己提升到了第三重人生境界。

茅塞顿开，回归自然。人在这时候便会专心致志做自己应该做的事情，不与旁人有任何计较。任你红尘滚滚，自有清风朗月。面对芜杂世俗之事，一笑了之，了了有何不了。

这个时候看山又是山，看水又是水了。正是：人本是人，不必刻意做人；世本是世，无须精心处世；便也是真正的做人与处世了。

一辈子做人，怎样算是做好了人？一辈子处世，怎样算是成功地处世？人生在世，无非是让人笑笑，偶尔也笑笑别人。曾经沧海之后，再去看世情，无非是云淡风轻，不过是日升日落般的泰然了。

禅定而止心乱。人生在世，要看得破、放得下，也要认得真、担得起。有了禅悦心态，你就有了阳光一样的生活。

分享

春的脚步越来越近，立了春，春天就要来了。想着万物复苏，大地回春的模样，心就舞动起来了。春节是一个有爱的日子，我们在节日里相互说着祝福的话，探望亲友，礼尚往来，传递着我们的情感。

长期以来都有朋友问我，为什么你们每一期的功课都是分享？为什么叫水滴学堂？为什么不叫水滴讲堂？在办水滴学堂之前，学佛的法喜每日充盈，欢喜自在，一日读《法句经》：

莫轻小恶，以为无殃，水滴虽微，渐盈大器，凡罪充满，从小积成；莫轻小善，以为无福，水滴虽微，渐盈大器，凡福充满，从纤纤积。

这让我豁然，以一个小水滴之身，只有融入大海才不会干涸。将我获得的法喜，分享给有缘人，积小善，盈大器。作为人天师表的佛陀才有资格教化众生，我只是一个传递者，因此才有了水滴学堂。希望这里也可以聚合众多的善因善缘，将佛陀之爱永远和大家分享。

在我的信念里，朋友相处最好的境界就是分享。如同太阳和月亮互相分享光芒，心心相印。我们不只分享生活中一切美好的事物，也分摊生命里遭逢的困顿与痛苦。人一生要走过多少坎坷和磨砺，无法预知，既然人生沉浮是必然的，煎熬是必然的，苦尽甘来也是必然的。快乐因分享而放大，痛苦因分享而减少。只有分享的人生才能随时保持一颗安详和灵动的心。

“好东西要与好朋友分享”不是一句广告词，而是生命中真实的体会。在枯寂的人生之路，因为有你有我，我们如同月亮，折射太阳的光芒。让处于人生黑暗低谷的人可以看到一线光明，一线希望，让我们彼此搀扶着，闪耀着，照亮彼此脚下的路。

幸福车站

还有四天就是全世界华人的节日——春节。过去的一年中，水滴学堂秉承一贯的分享风格，和大家分享了关于爱的智慧。在新的一年中，我们继续和大家分享关于幸福的话题。人来到世上，每个人都在追求幸福，到底什么是幸福？

我想和大家分享一下一个智者对幸福的看法：“如果我不爱自己，几乎不可能爱别人。人要是心好，什么都变得美好了，甚至空气都是香的。如果想获得真正的欢喜与快乐，必须延展爱的范围。”

没有幸福感的原因大多源于总是要求别人，意图控制别人。日常生活中，最先要做的修持就是保持清净心，不执着，充满爱。很多人总是让自己的幸福掌握在别人手中，并不爱自己，只是打着爱的旗号，意图控制别人。当周围的事物发生无常变化时，就怨天尤人，觉得世界上一切都对不起自己。

最近小孩子放假，很多家长向我抱怨自己的孩子，一副窦娥模样，孩子如何如何令他失望。现在上学的孩子真是可怜，没有几个眼睛里闪烁出快乐幸福的光芒。为了这竞争越来越激烈的生存空间，他们吃饭睡觉以外的一切时间都被侵占了。孩子不幸福，家长也不幸福。老人家就更不幸福，因为他们盼呀盼，盼来的寒暑假，被孩子成堆的作业侵占了。

怎样才可以幸福？星云师父为我们开出了幸福的配方：

每天说一些欢喜的话，激励自己不要悲伤；每天做一些利人的事，激励自己融入群众；每天谈一些益智的事，激励自己增长智慧；每天审视圣者的慈像，激励自己增加内心的善美。

人的一生中，感动是一时的，感恩是一世的；荣耀是一时的，影响是一世的；委屈是一时的，成就是一世的。

富有的人可以通过财施给人，贫穷的人一样可以给人笑容、赞美、关怀等，能给的人，是富有、幸福的人。让我们做一个富有和幸福的人，可以给人信心，给人希望，给人欢喜，给人方便。

愚者以为幸福在遥远的彼岸，聪明者懂得将周遭的事物培育成幸福。在新的一年里，请大家搭上水滴学堂为您开启的智慧列车，让我们停靠在每一个幸福车站，真诚地欢迎您在工作之余到这里小坐，歇下尘劳，和我们一同分享般若妙味，开启您的一段幸福生活。恭颂您：年年无量寿，月月琉璃光，日日观自在，时时妙吉祥。

爱也需要教育

三月是一个学习的月份，万物复苏，孩子们在三月里开始学习。《弟子规》有“子不学，断机杼”，讲的就是亚圣孟子的故事。孟子的母亲是一个伟大的老师，她的远见卓识造就了孟子。生活中每一个母亲都是孩子的老师，我们想让孩子成为什么样的人，就需要培养孩子什么样的品质。

中国的大众容易崇拜大师，也喜欢有大师的出现。这是一个大师匮乏的年代，也是一个“大师”多如牛毛的年代。面对“大师”满天飞的现状，我们不禁发问：到底何为大师？所谓大师到底有无标准？

说到这里，想起季羡林先生。人们多把季羡林誉为国学大师，季老先生却屡屡推却不受。他曾说过希望“三顶桂冠一摘，还了我一个自由自在身。”老人说：“真正的大师是王国维、陈寅恪、吴宓，我算什么大师？我生得晚，不能望大师们的项背，不过是个杂家，一个杂牌军而已，不过生得晚些，活的时间长些罢了。”

“谁也不能自封或他封大师。”真正的大师无需自诩，无需他封。寂寞人生路，热闹身后事。在所有的验证者中，最伟大、最公正、最天才的是时间。

而我们这些凡夫俗子除了崇拜大师，还好为人师。有知识的人，所谓才子，喜欢这样。略知一二就敢标榜自己，喜欢对人品头论足，喜欢对事指指点点，喜欢拿学问说事，以显示自己的高明。即使在身份悬殊或场合不适的情况下，也敢僭上冒犯他人。

除了知识分子、才子如此，寻常百姓也不例外。稍有表现自己的地方，便会加大夸张，毫不放过。比如，我们老爱抓住别人的口误，大肆张扬；在书中发现了一两个印刷错别字，也会十分自豪地把它们标示出来，以显示我们的才学。其他百分之九十九的地方，我们也许一窍不通，毫无知识，可是我们却对之安之若素。独独对我们能够发现他人的一点瑕疵，肆意批评。这种难于律己、好为人师的德性，既容易开罪于人，又学不到任何东西。

从心性上来看，人人都自视甚高。据此可以说，没有人喜欢你当他们的先生。如果硬要当他们的先生，只会让人生厌，别无他益。但是我们却天生喜欢让自己尴尬，喜欢扮着先生的面孔吓唬他人，教育他人，满足我们的虚荣心。为什么没有人喜欢的事，我们却偏要做呢？为什么我们自己也不喜欢的事，却要强加于人呢？孔子说“己所不欲，勿施于人”，可为座右铭。

爱当别人的先生，不仅不讨人喜欢，更会制造敌怨。很多人就因为这种几乎没有目的和必要的闲言碎语而构怨于人，甚至遭惹杀身大祸。唐朝大诗人刘禹锡就因为改了两句襄阳才子牛僧孺的文章而让后者嫉恨了若干年，当上宰相后还耿耿于怀。这件事，让刘禹锡大为震惊自己早年的轻率，看来好为人师并不仅仅是一般的小错或坏事。

可是凡人无论年幼的、年长的，聪明的、愚蠢的，有才干的、没才干的，有知识的、没知识的，有身份的、没身份的，却偏有这种心理缺憾，自视高明，好为人师。不如降格虚心，旁观看人，犹如看戏看电影，欣赏他们的一言一行，一举一动，而不必和他们费口舌之争，显得清闲许多，也显得境界颇高，又不产生敌怨，不亦洒脱而超然物外？

孟子说：“思则得之，不思则不得。”得到什么？得到其所以然。

换句话说，识人察物，要用眼，也要用心。用眼，知道他究竟是什么样子。用心，则是去推求他为什么会这样。简洁地说，就是透过现象看本质。这本质，就是形之实，事之据，末之本，果之因。世间人事，均形必有实，事必有据，末必有本，果必有因。不可能有有形无实的人，有形无实的人是纸人；也没有无根无据的事，无根无据不成事由。所以，可能有形不副实，但不可能有形无实，末可能不必尽合于本，更不可能有末无本。所以，知其然，也要知其所以然。识人察事，用心去体察，用脑去思考，目的就是知其所以然。

常听人说，一事在手，要拿得起，放得下。事实上，如果不知其所以然，拿起了不一定能放下。很多事我们是无法放手的，比如我们对我们的亲人，无论他们怎样对待我们，无论他们身处何境，我们的心都被他们牵绊着，无法放开，那我们该怎么办哪？我们需要引导，需要教育。爱也需要教育，只是教育的方式有时候是言传，有时候是身教。

恭祝大家：心好命又好，慈悲活到老。

常存好心

水滴学堂感谢诸位一直以来的分享和相伴，在新年里我们期许着有更多更好的心得和大家一同分享和交流。

在新的一年中，由于众多善因好缘的加入，我们不再满足于在网络上和大家交流，我们会定期定时举办大型的公益教育讲座，从衣、食、住、行、育开始，带领一切和我们有缘的人同享生命的美好。通过讲课、分享、认同、参与、提升，将中国人文化精髓贯穿始终，教给人们优雅的生活，将变形扭曲的心灵抚平，品味到生活的美好。

二〇一一年，经政府批准成立“法门寺公益教育基金”，水滴学堂创始人本善居士有幸成为第一任的基金秘书长。秉持最初创办学堂的发心：“诚邀天下善士，同耕一方福田”。天下人的事，请天下人办。希望我们“身行善事、口说善语、心存善念”的理念可以润泽更多的人。

何谓善？基金的标识已经告诉大家——五个绿、红、黄、白、黑的人，心手相识共同维护一个甲骨文的“善”字，在上古时代人们就认识到善，所谓善就是一切美好和喜悦的事情。儒家常讲兼善天下，我们也期待着可以通过共同的努力“兼善天下”。

庄子说：“天地有大美而不言。”将美给予人们，给人们生活的乐趣，给人们发现美的眼睛。在中国古代美和善是通假字，美的事情即是善的事情。善待自己、善待生活、善待周遭一切的有情，带领人们同享生命的美好。

很多人会说：“我没有能力布施，没有金钱，没有时间。”我们曾经在过往的功课中分享过，即使我们身无分文，我们依旧可以有七种布施：第一，颜施，你可以用微笑与他人相处；第二，言施，对别人多说鼓励的话、安慰的话、称赞的话、谦让的话、温柔的话；第三，心施，敞开心扉，诚恳待人；第四，眼施，以善意的眼光去看别人；第五，身施，以行动去帮助别人；第六，座施，乘船坐车时，将自己的座位让给他人；第七，房施，将自己空下来的房子提供给别人休息。

缘分缘分，没有播种的缘，人间的福慧，怎么会有属于我们的一份？一点播种因缘，也许此时此处，彼时彼处，遇缘生发。当面对生命的冬季，不要忘记，粉碎千尺的积雪，原本从微微的和风，小小的熙日，令冰河化成春日暖暖的溪水，流向田舍人家。

和大家分享一个故事：印度有两个贫穷的妇人，同时得到了别人的布施，是一种叫作“庵摩罗果”的水果。甲妇人得到庵摩罗果，便连果带子统统吃到肚子。乙妇人却只吃果肉，而把子留下来，并且种植培养。不久，这个种子又再生出果实，她一样只吃果肉，留下种子，然后再将种子拿去栽种，如此经年累月的栽种，竟使她拥有了一片果园，不仅可以享用果实，也多了一份经济来源。

种如是因，感如是果，若没有春夏的播种，哪来秋冬的收藏？凡事都有因果，就像投资一样，有行动才有所得。

人生不只在事业、理财上需要投资，情感、信仰、更应该投资。怎样投资？就是要在无能力的时候，常存好心，与众生结善缘；有能力的时候，常行好事。这样就会像那个妇人一样，会得到一片大果园。

在新年里，让我们一同学习为自己的儿女留一点道德，为朋友留一点方便，对尊长留一点恭敬，为大众留几句善语，让人间充满尊重的和风。甚至是对待一只猫、一条狗，也需给它们一点慈悲和关爱，它们也有父母兄弟，也是有情的生命。学会“留”，标识我们富有，何乐而不为呢？

新年里，希望您一切顺心称意。

知足就是福慧

《弟子规》是蒙童教育，对于缺乏传统的现代人来说，先学好做一个合格的人是十分必要的。

人和动物在生命本质上没有太大的区别，所不同的是形体。人知道羞耻，为此我们穿上了衣服，过着有尊严的生活。中国人推崇的五福临门说尽了每个人一生的希望。

我们用尽所能求长寿，养生的书籍满天飞；我们吃尽山珍海味，到头来吃成高血糖和高血脂；我们求富贵，拼命地创造财富发展科技，结果有钱可以买来大床，却买不来良好的睡眠；财富可以买来鲜血，却换不回健康。物质的飞速发展让这个社会的财富越来越分布不均，暴力事件频发。

很多时候我们没有安全感，不知道自己什么时候会碰到让人震惊的事情。青少年的无知和物质的诱惑，使暴力犯罪日趋频繁和低龄化。古圣先贤让我们修好德，我们却迷失了自己。今天社会的老龄化和独生子女化让很多家庭不够稳定，呈现倒三角的状态。人心向幼的本性，使我们的注意力过度地关注孩子。这如同一棵大树，我们不关注它的根是否深入，只关心它的叶子为什么会发黄。五福的最后一福是善终，满眼望去，现在可以得善终的人凤毛麟角，倒是满眼的开肠破肚后的横死。

到底什么是我们一直求索的福呢？我时常爱“说文解字”，今天的人多半认字不识字。为什么这么说？很简单，很多人看到一个字只知道它念什么，却不知道什么意思。就拿“福”字来说，从古至今起码有数百种写法，人们求福、祈福，在我们的先祖造字的时候，“福”字已经将要表达的信息和密码清楚地告诉我们了。“福”字从最简单的字面解释就是一家人首先有衣穿，有衣穿就可以遮羞，不至于和畜牲一样赤身裸体。其次一家人为了活命，要努力耕作，下田劳动。我们是农耕民族，自古以来都是靠田吃饭的，在上古时代，人们认为有衣穿，有饭吃就是福，今天亦然。

遗憾的是，今天我们的土地大片大片地被开发，搞经济，有时候真担心哪天我们没有饭吃了。

昨天听到一个骇人的消息，说牛肉竟然不是长在牛身上，是被生产出来、被培养出来的。太可怕了，会不会有一天我们也生活在科幻小说中，周围都是些被培养出来的、被植入思想的科技动物？它们一开始授命于人，后来逐渐成熟，脱离人的控制，变成了吃人的机器。到那一天，是不是人类又会来一次盘古开天辟地式的大洗牌？

科技的进步得益于人们对目前生活的不满足，今天我们拼命地追逐利益最大化，越来越多利益最大化的恶果已经让我们痛苦不堪。骇人听闻的奶粉事件，对孩子的伤害还不知道有多深。过度使用催生素和农药，让食物带着药物残留进入我们的身体，导致很多孩子早熟。早熟必然会早衰，这是我们无法改变的事实。

过去我们常常讲要做有智慧的人。今天很多人认为自己学历高就是有智慧了，其实这离智慧相去甚远。不讳言地讲，今天的硕士、博士基本上都是些有智无慧的人。智是我们每天日积月累学习的知识，慧却不然。何为慧？慧是心灵层面的，我们看看这个字就知道了，祖先在造字的时候已经将密码输入了，慧是得到生活和事业的双丰收。遗憾的是，我们的物质文明已经达到一定的水准，精神文明却远远落后于物质。在今天这个物欲横流的社会，我们的价值观发生了质的变异。这就好比一个人，一条腿过于发达，另一条腿却患有严重的先天小儿麻痹症。我们的心灵长满了污秽，要想有慧，必先将我们灵魂深处的污秽扫除。

我们今天的人没有幸福感，说到底都是不知足惹的祸。“浓肥辛甘非真味，真味只是淡；神奇卓异非至人，至人只是常”，“遍阅人情，始知疏狂之足贵；备尝世味，方知淡泊之为真”，蔡志忠的《漫画菜根谭》，幽默诙谐的简图配上醒世恒言的佳句，让大家在赏心悦目之余，又能将做人处事的道理领略于心，使我一直记忆犹新。今日重温了《菜根谭》清刻版，由于年纪增长，领悟多了，感想也多了。看似简明的句子，但是细细回味则含义深邃、隽永悠长。《菜根谭》以它独有的中正圆活、冲虚淡漠之态，正是应了那句“布衣暖，菜羹香，诗书滋味长”。

“心安茅屋稳，性定菜根香，世事静方见，人情淡使长”。虽然未必人人都能达到颜回那样居陋巷、一箪食、一瓢饮的安贫乐道、艰苦求索的境界，但是挣扎于生活、工作中的我们，如果能抽出时间读一本好书，听一曲雅乐，放松自己，调整心态，再重新投入新的奋斗中，也就实现了“知足就是福慧”，也必将感受到“性定菜根香”的真如妙味。

读到一个总统的故事，在这里和大家分享。“假如你现在感觉吃什么都不香了，看再美的景致都不激动了，住再大的房子，坐再好的车，都没有幸福感了，那一定是你变了，变得离真实的生活愈来愈远了。”期盼着善友们可以从中咀嚼出悠长的滋味。

恭颂：所求如愿，自在祥和。

德行善举，是永不失败的投资

立秋了，终于暑去凉来，梧桐树开始落叶，“落一叶而知秋”的日子让我们从红尘热恼中逐渐解脱。“秋老虎”虽然厉害，却也是强弩之末了。

前几天在“法门之光”闭幕式上，一个老者的讲话让我记忆犹新。他的母亲虔信佛法，不认得多少字。他的两个孩子小时候是在祖母怀中长大的，如今都很优秀，究其原因是孩子的祖母是一个贤德的妇人，一生德行善举，为人吃亏是福。祖母的言传身教影响孙儿，在这个物欲横流的社会显得与众不同，很快就脱颖而出。女人一辈子最重要的是有德，一个有德的女子不论她是在娘家还是婆家，都会让人如沐春风。

我记得梁晓声在他的一本书中这样说：“好女人是一所学校。一个好男人通过一个好女人走向世界；一个男人的一百个男朋友，也没有一个好女人好；一个男人的一百个男朋友，也不可代替一个好女人。好女人是一种教育。好女人身上散发着一种清丽的春风化雨般的妙不可言的气息，她是好男人寻找自己，走向自己，然后豪迈地走向人生的百折不挠的力量。当你走向战场和类似战场的生活，身后有一位好女人相随，那死也不是可怕的了。当你感到身心疲倦透顶的时候，一只温柔的手放在你的额头，一觉醒来，你又变成朝气蓬勃的人。当你糊涂又懒散，自卑又自叹，挺不起腰杆，好女人温柔的指责，像一条鞭子，抽打着你前进。好女人使人向上，好女人融化了男人，同时又弥补了男人的不完整和幼稚，于是男人就像一个真正的男人。”

一个社会的女性不觉醒，是无法令这个社会进步的。我在创建淑女学堂之初，写了这样一段话："倡导当代女性生活禅的智慧，塑造品质女人。因为一个女人的美好，会影响到一个家庭的幸福，进而改变一个社会，拯救一个母亲，拯救一个民族。”

我不知道我能够做到多少，我努力着。这个社会的根源在女性，一个女性的美好可以影响最少三代人，为了我们家族的兴旺发达，成就一笔永不失败的投资，做个聪明的女人，掌握夫妻吵架的艺术，经常进行生命之反省，让我们的生活从燥热走向清凉。

恭颂：荷月清凉，顺遂自在。

为大众的需要做事，成果无限

曾经看过一个报道，被誉为“东方特蕾莎”、“人间观世音菩萨”的证严法师为救助病苦举办一个义卖会——拥抱苍生，很多富豪捐出了自己的金银首饰义卖，义卖会很快就获得了很多善款。证严法师柔弱的身躯走上台说了一番感言。令我难忘的是，她称那些钻石金银为破铜烂铁，说那些破铜烂铁能够为病苦中的人们减少一些痛苦，发挥了它们最大的作用。

行走在终南山中，一日偶然步入三阶教祖庭——百塔寺。重读百塔寺的历史渊源让我惊骇，三阶教的创始人信行禅师早在一千六百年前，就开辟了慈悲济世的慈善事业，发愿为一切众生施舍身命财物，建立了十六种无尽藏行。“愿施无尽，日日无断”，直至成佛。一时间受惠者不计其数，闻名天下。结果是财物越施越多，寥寥数年间，汇集天下善德，造福桑梓。

两个出家人，一个现代，一个古代，事业皆做得名闻天下，惠泽苍生。为什么？从医学的角度来说，我们每个人的心只有自己的一拳之大。信行禅师我没有见过，不晓得他有多高大。证严法师有幸目睹过，只有不到一米六的身高，且身体孱弱。无法想象，这样一个病弱的人，竟然办成了天下最大的慈善事业——慈济功德会。

可见为大众的需要做事，成果无限。只要发心是利他的、无私的，大众就愿意来做，所谓众人拾柴火焰高，大家你添一砖，我加一瓦，高楼大厦很快就盖好了。

佛法讲种福田，法师们身上穿的衣服叫作福田衣，袈裟上有用金色丝线绣的一块块像田地一样的图案。佛家谓积善行可得福报，犹如播种田地，春华秋实，只要是为利益大众做的事情，都是我们应该耕种的福田，我们只管耕种，一定会有所收获的。

鲁迅先生的座右铭是：“利人利己的事情，马上去做；损人利己的事，万不得已才做；损人不利己的事，坚决不做。”我们做事之前应该问问自己：“我将要做的事情是什么事，是利人利己的吗？”是，就去做；不是，请考量。

看到别人做利益大众的事，我们能够参与其中是最好的，如果因缘不具，不能够参与，请您发自内心地随喜赞叹。

当你遇到一件事，已无法解决，甚至已经影响你的生活和心情时，何不停下脚步，想一想是否有转换的空间。或许换种方法，换条路走，事情会简单点。一味地在原地踏步、绕圈，只会让自己陷入痛苦的深渊。生命中总有挫折，但那不是尽头，只是在提醒你，该转弯了。

当我们迷茫的时候，问一下自己，我要什么？我最希望的是什么？一万年太久，只争朝夕，希望大家快乐健康地活到天年。

恭颂：桂月静怡，四大和顺。

以舍为有，则不贪

不少中国人非常关心政治，我则习惯了不问世事，只关注自己感兴趣的事情。昨日朋友聚会说起某某高官的覆灭，我恍然才知道，是一个“贪”字惹的祸：贪金钱、美色、权力……“贪”字的意思是求多，不知足。人因为这个“求多不知足”，将自己搞得筋疲力尽。

最常见的是贪吃。现在经济发达，贪吃的人比比皆是，一个个大腹便便，吃成高血压、高血脂、高血糖，心脑血管病和糖尿病都是贪吃惹的祸。

贪字是今天的今加上金钱的贝，太多的人为了贪求金钱沦为阶下囚。记得曾经看过一个贪官，夫妻两人很朴素，却很贪。贪敛来的钱财不敢存银行，不敢交给亲人保管，于是将现金一捆捆地码在自己的床下。事发那日两口子长叹一声，终于可以不提心吊胆地睡觉了，他们睡在那一捆捆的金钱上面，没有一日安眠。

贪恋美色，无论男女都付出了沉重的代价。现代的女性贪恋青春美色，不惜剥皮削骨受尽皮肉之苦。男人贪恋美色，爱美人不爱江山的古来有之，但修得正果的，普天之下有几人？更多的人因为这色字头上的刀，伤得体无完肤。

自古以来，“人为财死，鸟为食亡”是很多人的处世哲学，其实这是非常狭隘的。一直以来我都在分享中呈现一种态度：我为人人，人人为我，无私是最大的自私。想想看，我们每个人一天只有二十四小时，我们只有一双手，就算时刻用双手帮助别人，所做的事情也是有限的。

有舍才有得。舍得既是一种处世的哲学，也是一种做人做事的艺术。舍与得就如水与火、天与地、阴与阳一样，是既对立又统一的矛盾概念，相生相克，相辅相成，存于天地，存于人世，存于心间，存于微妙的细节，囊括了万物运行的所有机理。万事万物均在舍得中。你若真正把握了舍与得的机理和尺度，便等于把握了人生的尺度和成功的钥匙。要知道，百年的人生，也不过就是一舍一得的转变而已。

星云大师在《舍得》一书中妙谈善事因果，以舍为得，得获精进与和谐，一念美意则福田无量。对大众人生拓展、学业、事业、生活及修养心性诸方面进行分析和指导，启发人在成长的过程中把握住自己，沿着精进的方向完善自我。

在过去的几天里，我们度过了传统的重阳节，不知道您有没有承欢膝下，陪同家中的老人。人生不过匆匆百年，成功还是失败并没有那么重要，只要你肯把失败写在背面，那成功的一定是你。

恭颂：秋日暖阳，照耀心田。

以忙为乐，则不苦

每当朋友问，你最近在忙什么？我都是一脸困顿，一时语塞，不知道该怎么回答。日子日复一日地度过，年岁一日一日地增加，真说忙了些什么，好像又说不出来什么，能够看到的就是某月某日我去了哪里，某日我做了什么事情，具体的也就不值得说。但自己确实又没有闲着，每日忙忙碌碌地像个陀螺在转，到底是哪天成长了，也说不清楚。

自从接触佛法后觉得时间像长了脚，拼命地追赶也没有赶上。每每读诵经书，读到“是日已过，命亦随减，如少水鱼，斯有何乐？大众！当勤精进，如救头燃，但念无常，慎勿放逸”，我都会后背发凉，觉得自己在虚度时光。

小时候总是盼长大，怎么一眨眼自己就长大了？到底是我们长大了，还是天变短了？站在工作室的窗前看下面，人头涌动，人们急急地奔走。我们整天都在忙什么？为什么而忙？

读星云大师的《忙就是营养》，很有感悟。“有一段时期，一连有好几位徒众因身体有病而住在如意寮中静养。为我开车多年，曾经担任人事监院的永均法师问我：‘那些人看起来身体很好，但每天又无所事事，为什么那么多病？我们每天忙碌不已，身兼数职，为什么反而身体健康不生病呢？’我随口回答他：‘因为忙，就是有营养啊！’不料这句话在徒众间流传起来，成为一句法语。回想起来，我的一生的确是因为‘忙’，才少病少恼，身健心安。”

师父他老人家耄耋之年依旧弘法之躯不老。我曾经跟随师父走访过几个地方，每到一地师父都应信众的祈请弘法布道，从不厌倦。就连一口温热的饭菜也时常顾不上吃一口。每到吃饭时刻，斋堂内外挤满了信众，师父时常因要满足众人的愿望，或开示，或留影，待一一令众人满愿时，饭菜已经冰凉。我随行几日，见到师父只是在车上喝几口保温桶中的菜汤，吃几口冰凉的主食。师父就是这样忙碌着，快乐着，一点不以为苦，反倒时常教育我们不要干涉那些有心求法的信众，要用欢喜心接纳他们。当大家都觉得他很辛苦的时候，他总是笑言：“以忙为乐，则不苦。”

日前我有幸访问了一些住在大山深处的修行人，有些人已经驻山几十年，他们每日里时间安排得满满的，无暇身外的花花世界，专心用功修行，在自己的心田上辛勤耕耘，不让岁月虚度。岁月也对他们格外垂青，没有在他们的脸上写下沧桑，反而是一脸的祥和宁静。尽管生存条件异常困顿，物资匮乏，也没有丝毫动摇他们求法的决心。他们在人迹罕至的角落，用生命书写着绝美的华章，让我这个红尘中人惭愧。他们的生命与我们同样宝贵，却有不一样的承担。

其实忙也好，闲也罢。我们此生不需要向任何人保证什么，也不需要向任何人承诺什么。我们此生唯一要负责的就是自己，我们要怎样度过每一天，要过怎样生活，需要自己对自己负责。“是日已过，命亦随减，如少水鱼，斯有何乐？”我们该怎么做？答案就在你的心里。感恩大家，愿一切美好与大家同在。

恭颂：冬日清安。

以忍为力，则不惧

一般认为，忍就是对违逆之境硬吞，硬忍耐。忍字心头一把刀，而且刀尖上还滴着血。很多人就是不能忍当时的一句话，一口气，甚至一个眼神，一时冲动而酿成大祸。其实，忍并不是懦弱、退缩的压抑，而是一种忍辱负重的大智大勇，是能认识实相、乐于接受、敢于担当、懂得化解的生活智慧。

记得二〇〇七年受重庆华严寺的邀请，师父在重庆的演讲题目就是“以忍为力”，当时的情景今天还历历在目。中华民族是一个很有忍耐力的民族，是讲究修身养性、崇尚人伦道德的民族。五千年来，百家诸经无不推崇勤俭、忠义、守时、谦让、孝顺为美德，多少古圣先贤更是以修养为传家宝。其中，更将忍视为人生最大的修养。在佛教，忍辱更是菩萨必修的科目之一，换句时髦的话说，忍是每一个人人生成长的必修课。

放眼望去，现在社会的乱象多是不能忍一口气，恶言相向。时下的社会最常说的"羡慕嫉妒恨"，就是不能忍的三个层次：见不得别人比自己好，看别人好先是羡慕；接下来就是嫉妒；嫉妒了还不够，又进一步恨上了，这一恨不要紧，马上接着就是行动。有能力的就是破坏，没有能力的就是造谣生事。现在的怨恨恼怒烦也皆因不能忍，没有一个宽阔的心怀，心胸狭隘而起。由怨恨恼怒烦而诱发的忧思惊恐悲，导致身心出现各种疾病。

一个胸怀宽广的人，有容忍的雅量，有欣赏美好的心态，自然身心健康，平和喜乐。生活中我们不可能事事如意，我们要修行自己的心，让自己学会接受，接受那些我们自认为不公平的事情，坦然面对。明代大画家唐伯虎曾经作《百忍歌》：

百忍歌，百忍歌，人生不忍将奈何？我今与汝歌百忍，汝当拍手笑呵呵！朝也忍，暮也忍；耻也忍，辱也忍；苦也忍，痛也忍；饥也忍，寒也忍；欺也忍，怒也忍；是也忍，非也忍。君不见如来割身痛也忍，孔子绝粮饥也忍，韩信胯下辱也忍，闵子单衣寒也忍，师德唾面羞也忍，不疑诬金欺也忍，张公九世百般忍。好也忍，歹也忍，都向心头自思忖。囫囵吞却栗棘蓬，凭时方识真根本！

这世上这么多比我们有智慧、有能力的人都在忍，我们有什么理由不学会隐忍？忍是转换，是化解，有智慧的人在剑拔弩张的一刻用智慧化解纷争。面对人生的种种人事物境、是非冷暖，有智慧的人会淡化对心外世界的执着，用内心的宽广豁达化解，从而从容自在。

生活中能够忍一时之气的人，并不是懦夫，是生活中诸多境遇中淬炼的智者，也是有着百折不挠的生存能力的强者。他们在问题和境遇面前以忍辱对峙，是大智大勇的表现。

许多圣贤在自己的书房都写着“制怒”或者“慎独”，都是时时提醒自己要忍辱。有一则著名的故事：

昔日，寒山禅师问拾得禅师曰：“世间谤我、欺我、辱我、笑我、轻我、贱我、恶我、骗我，如何处置？”

拾得禅师云：“只是忍他、让他、由他、避他、耐他、敬他，不要理他，再待几年，你且看他！”

忍耐是智慧，是深刻体会到诸法实相法性本空的智慧，无所谓忍或不忍，境界当前，能够以静制动，以不变应万变。具备能处理、能化解、肯担当、负责笃定的能力。佛教称我们居住的世界为“娑婆”，也就是“堪忍”、“能忍”的意思。可见人要活着，就必须以忍处世，不但要忍穷、忍苦、忍难、忍饥、忍冷、忍热、忍气，也要忍富、忍乐、忍利、忍誉。以忍为慧力，以忍为气力，以忍为动力，更要发挥忍的生命力。

恭颂：放下得自在，欢喜每一天。

给别人一个希望

春节聚会，走亲访友，让我们有更多的机会闲话家常。我们会碰到很多亲朋故旧，他们中有春风得意的，也有事业跌宕起伏的，不论是什么样的境遇，都给人一个希望，一个期许。

也许您一句柔和的软言慰语就是困顿之人的一线曙光，您的一个举手之劳就是一个寒夜人的一缕阳光。你我都是平凡人，我们可能没有万贯家财让我们做布施，我们可能没有智慧甘露供养众生，我们可能连做慈善的时间也没有，没有关系，从身边的点滴开始，一样可以成就我们“给人”的心愿。

春节里我将家里喝空的饮料瓶收集起来，等着给人。外甥不解地问我：“这些可以卖钱，为什么要给人呢？”我笑笑说：“要给拾荒的人一个希望。你看见了那些生活无助靠拾荒过日子的人吗？他们中有的是孤寡老人，有的或许是一个失学者，有的或许是家里遇到了困难，我们没有多大的能力帮助他们，那就从身边微小的行动中给他们一个希望吧！”

做这些微乎其微的事情对我们来说很简单，我们在繁琐的生活中总是埋怨这也不如意那也不开心，却不曾想我们拒绝给予别人希望时，也黑暗了自己的天空。我把可以回收的垃圾积攒起来卖掉，也许只不过是孩子的一袋薯片，而当我把它放进垃圾桶，无疑是给拾荒者莫大的喜悦，垃圾桶是拾荒者的希望，每一个可以回收的垃圾是他们的阳光。我们没有理由对生活指责埋怨，稳定的收入、宽敞的住宅、齐全的家电……所有能让我们幸福生活的条件一应俱全，可我们还是不满足，还是认为命运不公，认为生活没滋没味没希望。

冷静下来放眼看看周围的生活吧。多少人因为病痛在医院里忍受折磨；多少人因为孩子被拐卖在四处奔走寻找；多少人因为事故无情，诀别人世，留下亲人的悲痛；多少人因为市场变化无常为找工作而发愁……面对这些，我们还有资格在有住房有温饱有工作的生活里无病呻吟吗？生活不如意不是因为世事对我们不公，而是因为我们的要求太高，不知满足。

很多时候，我们往往为一些不尽人意的小事情愤世嫉俗，为人与人之间的尔虞我诈日渐消沉，为同事朋友邻里的冷漠而失望，其实我们忽略了自己已经是这些让人讨厌的群体中的一员，我们指责别人不道德时也在受着别人的谴责，我们在呼吁正义得不到伸张时也不肯伸出自己援助的手，我们一味地希望得到帮助却吝于帮助别人，我们希望得到的也正是别人希望我们去做到的，可是我们做到了吗？

做这些事情其实很简单，只不过是在公共汽车上给老人让了一个座位，只不过是在接过快递员送来的快递时对他说声谢谢，只不过是在看见少不更事的孩子进行危险玩耍时对他们加以制止，只不过是在同事朋友遇到困难时给他送去一份爱心，哪怕是一个电话的问候……就是这些生活中毫不起眼的零零碎碎，编织了世间希望的天空，这份希望如同阳光照亮了我们心里阴暗的角落。

给别人一个希望，也是真真切切地给自己一个希望。当别人在你的举手投足间收获希望的馈赠时，他也在传递希望的种子，每一个希望的授予者也是希望的传播者，一个又一个，当希望的种子播种到所有人的心灵时，我们的生活已经没有了黑暗。

给人希望，就是给人一条路。比如，穷，并不可怕。佛家讲无常，穷是无常的，无常就可以改变啊。笨，也可以改变。给人希望，就会有力量。在新年伊始，万象更新的今天，给别人一个希望，给自己一个期许。

恭颂：曲直向前，福慧双全。

慈悲没有敌人

中国上古时代造字时，人们便对女性赋予很多美好的期盼。单就一个“好”字，就是女和子相加，就是花好月圆。女人在这个世界上不仅担负着繁衍生息的职责，还担负着教育子嗣的重担，更应该知其雄守其雌。

我们生存的世界原本就是一半一半。佛的世界一半，魔的世界一半，但是佛的世界可以化魔为佛，这就是我们通常说的修行，就如同男女也是一半一半的，看了无数人的指纹、掌纹，发现人和人的天性差距不大，人的性格、能力、智慧也是平等无差别的，许多人的差距就在那一点点的坚守，一点点的忍耐。相对而言，女性成功者大都因为慈悲柔和，才化解了艰困。

众所周知“牙齿和舌头”的故事，人到老年，刚硬得曾经可以咬核桃的牙齿掉光光，绵软柔和的舌头却完好无损。任何时候都不要轻视慈悲的力量，正所谓“从来硬弩弦先断，每见钢刀口易伤”，作为女性，要在当今社会发挥慈悲的力量，让世界因为女性而更加温柔美好。

女性在年幼时，会被人称作“令爱”，这个词非常令人喜悦，女孩子玲珑乖巧，很小就是父母的掌上明珠，小女孩要有小女孩的可爱，温柔的个性从幼时就开始培养，一个淑女就是在父母的爱怜下渐渐长大的。到了男婚女嫁之时，由父母择佳婿婚配（这里我不反对时下的自由恋爱，但是谁又能说今天离婚率倍增不是自由惹的祸），嫁做人妇，成为别人的母亲，这时的称呼又变了，被称作“令慈”。“令慈”是指母亲，“令严”是指父亲，从来都有严父慈母。为人母亲一定要慈悲，用自己的软言慰语化解家中的摩擦和矛盾。

由中国传统文化的称谓可见，女性一生都要做的功课是慈悲，像观世音菩萨一样。观世音菩萨的全称是“大慈大悲救苦救难灵感观世音菩萨”，菩萨就像妈妈一样，从来都是有求必应。世上只有妈妈对子女的爱是无条件的，如同太阳无私地照耀大地，温暖万物。

我们常听到“慈悲没有敌人，智慧不起烦恼”，是因为佛法本来就主张以慈悲度众生，既然要度众生，怎么还会有敌人呢？当一切众生都是自己要度化、结缘的对象时，当然就不可能把他们视为敌人了。“敌人”的意思是指彼此势不两立。譬如情场有情敌、商场有商敌、战场有军敌、政坛有政敌，甚至同事之间，有时候也存在某些敌意。这是人性中的劣根性，也可以说是弱点。

既然知道人性的这项弱点，就要调整自己待人处事的态度，首先要原谅人、同情人、包容人。也就是说，对于不如自己的人，应该包容；比自己好的人，要向他学习。如果人与人之间能够彼此学习、互为师友，不但自己能够成长，对方也会成长。

遗憾的是，很多人想不通这一点，无论如何想到的都是自己，不会替别人着想，看到比自己好的人就羡慕嫉妒恨，对不如自己的人更是鄙夷嘲讽笑。如此，好的不要，坏的也不要，最后只剩下自己孤家寡人一个，这就是不慈悲。如果世界只留你一个完美的人，又有什么意思呢，世界正因为不完美，才姹紫嫣红开遍。

慈悲的对象，除了慈悲别人外，也要慈悲自己。因为不慈悲自己，会让自己很痛苦。正如我时常说的，人只有爱自己才能够有机会爱大家。若是一味地苛责自己，就会一直陷于痛苦之中，这就是对自己不慈悲了。佛法反对一切伤害，包括对自己也是一样。

我们时常说面上无嗔就是慈悲，慈悲不仅在行为上，在态度上也是一样。如果态度不慈悲，可能就会一再地伤害他人。很难想象一个态度恶劣的人，我们还会认为他“美”；一个不美的人，就很难让人将“好”字和他连起来；一个不好的人，又怎么可能是一个美人？因此人要美丽，态度要柔和，尊重别人就是尊重自己，和颜悦色，才会使人心悦诚服。

四年前我创办淑女学堂时就有一个心愿，抱着拯救一个母亲，就可以拯救一个民族的慈悲济世心怀，希望为女大学生进行修养、美学、艺术等方面的培训。如今几年过去了，讲过的课不少，至于收效，不过是“但行好事，莫问前程”罢了。

我依旧独守在我的净土中，做着一滴水的吟唱，无论这支歌可以唱多久，我都会如荆棘鸟一样，唱到生命的最后时刻，祈盼人们可以驻足聆听，涤荡心灵。也许就是那一瞬间的清灵，可以令你应和，那也是值得的。

智慧不起烦恼

在诸位菩萨中，伽蓝菩萨是比较亲近的一位。因为现在大多寺院的伽蓝菩萨都是我们耳熟能详的一位善神——具有忠义仁勇之称的关二爷。熟悉三国的人都熟悉这位关老爷，关二爷是如何从三国猛将演变成佛教的护法善神的，还有一段有趣的故事。

话说关二爷自分荆州之兵攻取樊城，不幸中吕蒙之计，痛失荆州，夜走麦城，兵败被擒，不屈而亡。灵魂不安，阴魂不散，昼夜飘荡在荆州当阳县玉泉山一带，昼夜呼唤“还我头来”。

一日，有一老僧，法名普净，原是汜水关镇国寺中长老，后因云游天下，来到此处，见山明水秀，就此结草为庵，每日坐禅参道，身边只有一小行者，化饭度日。是夜月白风清，三更以后，普净正在庵中默坐，忽闻空中有人大呼曰：“还我头来！”普净仰面谛视，只见空中一人，骑赤兔马，提青龙刀，左有一白面将军，右有一黑脸虬髯之人相随，一齐按落云头，至玉泉山顶。

普净认得是关公，遂以手中尘尾击其户曰：“云长安在？”关公英魂顿悟，即下马，风落于庵前，叉手问曰：“吾师何人？愿求法号。”普净曰：“老僧普净，昔日汜水关前镇国寺中，曾与君侯相会，今日岂遂忘之耶？”公曰：“向蒙相救，铭感不忘。今某已遇祸而死，愿求清诲，指点迷途。”普净曰:“昔非今是，一切休论;后果前因，彼此不爽。今将军为吕蒙所害，大呼还我头来，然则颜良、文丑，五关六将等众人之头，又将向谁索耶？”于是关公恍然大悟，稽首皈依而去。后往玉泉山显圣护民，乡人感其德，就于山顶上建庙，四时致祭。

普净禅师用因果智慧，一语点醒梦中人，使关公幡然醒悟，知道自己今日所受皆是因果而释然。转而皈依佛，做了佛教的护法善神，也得到了世人世代的供奉。

佛法中称智慧为“般若”，是指明白一切事物的真实状况，不受各种意识思维的干扰，圆融应对，这就是觉的智慧。

无论是大乘小乘，在修行上都是戒定慧的共同完成。只有坚持正确的见地和思维，由戒生定，由定生慧，才可以做到自觉觉他，自利利他。于内，明是非辨善恶刚正不阿——自利；于外，通世故晓人情善巧圆融——利他。

学佛就是要学习佛的智慧，圣严法师说“慈悲没有敌人，智慧不起烦恼”。要用慈悲心来关怀他人，乃至遍及于一切众生；要用智慧心来观照自我，乃至微细的每个念头。慈悲如两足，能遍行各地，了无障碍；智慧如双目，能洞察真伪，发现实相。

佛教的观点中，没有绝对的善与恶。佛教导我们要对一切人发慈悲心，这样即使有人存着恶性，也会逐渐变得慈悲，因为每个人都有善根；在这个过程中，人能够逐步克服以自我为中心的劣性，凡事都会下意识地把别人放在前面，从而渐渐地陶冶心性，完善人格，获得智慧。

我们生活在这个娑婆世界，难免会对境起烦恼，这一刻，觉知观照我们的心，看烦恼是怎样生起的，从源头将烦恼熄灭，这个过程就是修行。当这个过程从一个点、两个点逐渐变成一条线时，你的智慧也就在这变化中增长了，我们的生命也因着这修行变长变宽变厚。

人生有两种境界：一是痛而不言，二是笑而不语。痛而不言是一种智慧，人生在世，往往会因伤害而心痛不已，对坚强的人来说，累累伤痕是生命赐予的最好礼物。笑而不语是一种豁达，朋友间的戏虐，遭人误解后的无奈，过多的言辞申辩反让人觉得华而不实，不如留下一抹微笑，任他人作评。

恭颂：夏安，静怡。

感恩是幸福安乐的源泉

怀着感恩的心，生活是幸福和快乐的。学会感恩生活，也就是学会感激生活中的林林总总，怀着一颗感恩的心，感激一切令我们成长的人。每一个当下，你都因为这感恩获得快乐。

面对别人浅浅的微笑，你报以微笑回礼，感激对方那份真诚的善意，让这善意感染自己，浸润自己，鼓励自己，也美好自己的心情。

面对来自爱人和朋友给你深深的不理解、委屈或者伤害，不要恨、不要怨、不要痛、不要伤，此时的你应该感激他们给了你意志的磨炼，令你在痛苦中坚强起来。也许他们不是有心的，也许他们是出于对你的爱，只是那方式让你难于接受而已。想想我们自己，也可能曾经有意无意给了爱我们的人以伤害，只是我们不自知而已。真心地原谅他们，微笑着给他们一份真诚的祝福吧。

面对来自别人的责怪，不论是工作上还是生活中的，不要悲伤和沮丧，此时的你应该感激他们给了你一个反省的机会，重新认识自己，提高自己。面对这人生风雨路上绊倒你的人，不要去责怪，此时的你应该感激他们给了你一个提示，你站立不稳，是因为你需强化双腿的训练。

面对欺骗你的人，不要愤怒，不要痛恨，更不要相信世上没有真诚，此时的你应该感激他们增长了你的智慧，令你在今后的岁月里减少伤痛，同时更加珍惜每一个对你真诚的人。面对蔑视你的人，感激他们让你觉醒，让你觉醒了自己的自尊，也让你真正地面对自己，认识自己，面对自己所有的一切，找回一个真正的自己。面对遗弃你的人，感激他们给你享受孤寂、品味孤寂的同时，也教会了你独立思考。

有了成功，固然可喜，可是也别忘记成功路上给了你帮助的人；面对失败，感激上苍赐给了我们一次尝试的机会。有了喜欢的人，应该感恩他给了你温暖的感觉，人生路上有了相依相伴的伴侣。爱人和被爱都是一种快乐。有爱着的人，那是一种被幸福滋润着的幸运，是一种“执子之手，与子偕老”的牵挂；被人爱着，是一种快乐，一种做梦都是玫瑰色的甜蜜，是心心相印的快乐。

人生路上，笑过，哭过，痛过，伤过，体验过，感受过。珍惜生命中所有的历程，不管是快乐还是泪水，我们都应该带着一颗感恩的心，去面对，去珍惜，因为经历的都是财富。暮年时这些经历可能是您午后阳光中和密友的一场窃窃私语，是一个冬日暖阳下的“独乐”，为了这些，都应该乐观地生活下去，为了走过我们生命中的每一双足迹，不管是爱过我们的，抑或是伤害过我们的人，由于他们的出现，让我们平淡无奇的生命激情荡漾，原本平凡的生命变得生机盎然。

学会感恩，学会感激，也就拥有了全部的自我，拥有了一个全新的世界，拥有了真诚的朋友。幸福的大门会向您敞开，前面是一条洒满阳光的大道，走在上面，生活五彩缤纷。

生活中，有做不完的事情，停一停，放松心情；挣不够的钱财，看一看，身外之物；看不惯的世俗，静一静，顺其自然；生不完的闷气，说一说，心境宽广；接不完的应酬，辞一辞，有利健康；尽不完的孝心，走一走，回家看看；还不完的人情，掂一掂，量力而行；走不完的旅程，缓一缓，漫步人生。

恭颂：岁月静好，同享春华。

赞叹是利人化他的法宝

宋代无门慧开禅师曾作过偈语：

春有百花秋有月，夏有凉风冬有雪。若无闲事挂心头，便是人间好时节。

在这个春意盎然的季节里，有没有抽出时间，呼朋唤友，与这浓浓的春季有个亲密的约会？让春意勃发的空气填满自己的每一个细胞？如果还没有，那就抓紧时间吧，不要辜负了这自然的馈赠和恩赏。相信那花因着你的到来和欣赏会更加娇艳，那绿因着你的赞美会更加浓郁。

好花知时节，当春乃发生。好花是因着这大地回暖，春风拂面的因缘而开的。人与自然别无二致，好孩子也是因着我们不断的鼓励和赞叹而生的。无论是大人还是孩子，赞叹的话都不嫌多。我们常常羡慕别人这样好那样棒，而对自己的欠缺耿耿于怀。更有人因此羡慕嫉妒恨，不惜以不良情绪伤害身体，影响心情。其实没有一个人的人生是完整无缺的，不要常去羡慕别人如何，应该学会赞叹别人。别人有大房子住，很好呀，我们的房子虽然小，只要干净整洁，也可以给我们舒适的睡眠和一家人的欢聚，其乐融融。仔细想想，你会发现自己所拥有的其实已经很多了。没有绝对完美的人生，而缺失的那一部分，虽不可爱，却也是你生命的一部分，学会接受它、善待它，人生会快乐豁达许多。

人生的福报不一，福报就好像我们的存款，你有很多存款在银行，便会有很多家银行来找你，要给你提供服务。如果你没有存款，也就是没有福报，你想要花钱就比较困难了，那是要透支的，大家都知道透支的结果。当然，有福报，还要有享用福报的能力。许多人有福报，却并不幸福，不是没有时间享用，就是没有心情享用。当然还有滥用的，会带来无穷后患。这个社会还有很多人，钱在银行，人在天堂，实在是可惜和可悲。

我们要怎样增加我们的福报？有一种办法很简单，也不要我们费太多力气，就是心存善念，赞叹别人。佛陀教育我们，赞叹是利人化他的法宝。当我们心存善念，真诚地赞美别人时，所发出的磁场是慈悲和祥和的，被赞美的人一定可以感知到。作用和反作用力的道理，我们在中学物理就已经学过。了解水实验的人都知道，我们赞美水，水会以美丽的结晶回馈我们，那我们赞美人会获得什么？

亲爱的朋友，不要吝惜你的赞美，赞叹自然，赞叹生活，赞叹父母，赞叹朋友，赞叹一切美好的事情，真诚地随喜别人的善心好缘，您将会获得同样的功德。逐渐的，你会发现周围的环境变了，磁场变了，笑脸多了，人变得柔和可爱了，一切美好都向你走来。

恭颂：春光美好，同享悠然。

隐人过恶是修德

我们生活在这个娑婆世界，和人打交道是不可避免的。无论从事士农工商，还是自由职业，都要和形形色色的人打交道，因为我们是借助众缘和合才能够活下来，我们应该怀着感恩的心面对我们遇到的人。

无论他人为我们服务还是我们为他人服务，想想看，我们和这个人相遇是多么大的缘分，这个世界有七十亿人，他和我们在芸芸众生中相遇、相交、相融，我们应该珍惜这缘分。

世界上一样米养百样人，人性总是因着贪嗔痴的迷茫，在各种境界中流转，一时迷惑，聪明人反被聪明误，也常常犯一些错误。有些错误是可以为人道的，有些糗事是羞于启齿的。我们大多数人都有一些不愿意被人知道的小秘密，如果你有幸知道了别人不为人道的尴尬事，请您选择保持缄默。《三字经》讲：“扬人恶，亦是恶。”我们讲话做事给别人留有余地是一种修养，因为很多人犯的一些错误可能在当时是情非得已，可能是无可奈何，可能是一时糊涂。碰到这种事情的时候，宽容别人吧。忘记这些令别人难堪的瞬间，给别人自尊和体面，护他周全，相信事中人会因此感激您的。

因为隐人过恶是修德，我们时常看到一些市井的长舌妇（夫），专爱搜寻别人的家长里短、隐私过恶，以宣传别人的尴尬糗事为乐，把看别人的笑话当消遣，实在是无聊。俗话说，说人的人不如人。很多专爱看别人笑话的人，最后自己却成了别人的笑柄，实在是可悲，可叹。

人在世上，隐人恶是修德。许多事看破不说破是智慧。厚道待人的人，一般都是大智若愚的人，他们宽容别人的小恶，用善意的宽容引导误入歧途的人，重新走上正道。正如《地藏经》中讲的善知识，他们将误入迷途的人牵引出泥沼，免他受到虎狼狮子的伤害。

宽容别人的小过，给别人一个改过兼善的机会，相信这世界因为您的宽容变得更加和谐。也许您的一次沉默，可以成就一个止恶扬善的人生。

曾经在读星云大师的生活智慧时，有一段话令我印象深刻，在这里和大家分享：一、和小人说话要小心谨慎，涉及个人隐私、对他人的不满和指责绝不要和小人说；二、没有十足把握，不要轻率地揭发和攻击小人；三、不要试图和小人理论；四、不要和小人有经济上的往来；五、最好不要让小人知道你认为他是小人。世界上的小人无处不在，让我们做一个大智若愚的智者，宽容智慧的生活。

恭颂：四大和合，吉祥喜乐。

不说是非是厚道

清华大学的校训“自强不息，厚德载物”将《易经》的智慧推到极为耀眼的位置。“自强不息”，我们从小被教育得很多了，大家很容易理解。“厚德载物”以前说的比较少。厚德是什么？厚德就是厚道，厚道就是心胸宽广，心存美好，心存善良；厚道就是将心比心，心情豁达；厚道可以化干戈为玉帛，化复杂为简单；厚道是为人处世的基础和前提，更是通向成功的捷径。

尽管厚道在这个物欲横流的尘世中是一件昂贵的奢侈品，但这个尘世中仍不乏厚道之人。厚道是处世的前提，学会处世，首先要学会做人。做人就是立身处世，是以道德律己，以道德待人。厚道的人，经常是人给我一横眉，我还人一笑脸；人给我一暗箭，我坦然面对。厚道是交际沟通之道的根本。

即将来临的六一儿童节，让我再次想到，我们要教给孩子什么？我们希望孩子攀龙附凤，还是自己成龙成凤？这一切取决于我们对孩子潜移默化的教育。如果你还愿意觉醒，愿意让自己的孩子成为一个未来的“大人物”，那么就从厚道做人开始吧，因为做人做事成功的基本准则之一是追求厚德载物。人生修养最讲究的就是律己。一个厚道的人，在德业能够养深积厚，在人际能够广结善缘，在事业能得道多助，厚道能成事。

在教会孩子的同时，我们也要学会做父母。如果我们不严于律己，又怎么教育孩子？古时父母对孩子有“七不责”：一、对众不责，要有尊严；二、愧悔不责，因其自省；三、暮夜不责，不利入眠；四、饮食不责，易致脾虚；五、欢庆不责，经脉受损；六、悲忧不责，恐伤倍至；七、疾病不责，爱如良药。

孩子犯错时，不要急着责备，先探究孩子犯错的原因。孩子是父母的复印件，很多时候是父母行为的镜子，他们不过是投射放大了父母的问题而已，父母改变，孩子自然跟着改变。

厚德的人有担当和勇气，绝不会背后论人的是非。是非人人有，不论自然无。古人说得好：“来说是非者，便是是非人。”

是非人，在佛门叫“业障鬼”。我们遇到这种人，要特别谨慎，一定要保持距离，“敬而远之”。对他尊敬，尽量减少造业。

现在这个社会，制造事端的人太多了。是谁造成的？就是这些人造成的。我们自己也要反省检点：这些人当中，有没有我在里面？

还有一些颠倒的人，专门喜欢听是非，而真正的修道人，看到人家讲是非，会立刻离开。他这一个动作，是帮助是非人觉悟。说别人是非的人，如果善根福德因缘成熟，他一看到人家这种态度，就会觉悟，知道自己错了。说别人是非，批评别人长短，这是造罪业。

六祖大师在《坛经》上说：“若真修道人，不见世间过。”一个真正修道的人，心贯注在道上，定不说别人是非。我们时刻要警醒，看牢自己，不要做那说是非的“业障鬼”。更要教育孩子，做个厚道人。

做好事要心甘情愿

时光荏苒，转眼又到中秋。花好月圆之际，一切美好都向我们走来。走在上班的路上，经过广场，有老人在跳广场舞的、有在含饴弄孙的、有打太极拳的、有在自乐班唱戏的、有孝顺孩子推着腿脚不便父母散步的……生活是多么美好。然而一走进办公室，一打开电脑，满眼是令人震惊的消息，我们是生活在怎样的环境之中呀！

日前参加一个小型聚会，间有志愿者参加，说起他们行走在山上，努力捡拾垃圾的事情，说我们的国民素质太差了，垃圾仿佛越捡越多，这样的抱怨也时常在其他的善友口中听到，每每都是笑而不言。因为深知“带着抱怨心做事，即使是好事，也无功德”，今天想将这个话题和大家分享一下。

首先我们行善不是为了被别人表扬，是为了我们自己欢喜快乐，所以基于这个想法做好事，首先要自己快乐，若自己做这个事而不快乐，索性不要做。不做还没有什么业报，抱怨着做，既吃苦受累还没有功德，实在是很不划算的。

两个月前在北京拜访怡学大和尚，访间女性颇多，大和尚开示：女性修行最主要是守好口德。一位女性在家里苦活、脏活、累活都干了，由于劳累心生怨恼，抱怨不断。这不仅让别人心生烦恼，还会令家人反感，结果连基本的家庭和谐都谈不上，何来功德？甚至还可能因为口不择言而造下口业。

做事情一定要心甘情愿。作为一个女性，在家中孝养父母，相夫教子，要告诉自己，这是我选择的生活，这一切是心甘情愿的。因为他们是我的亲人，因为爱他们，我心甘情愿为他们做一切我能做的事情，并且希望他们因为我的爱而感到幸福快乐。当你这么想时，所有的一切都甘之如饴，欢喜自在。

很多师兄响应“日行一善”，开始做好事。遗憾的是没有看到法喜充满，反倒是烦恼丛生。发心捡拾垃圾的师兄说，他刚捡干净的地方，回来发现又有人丢了一地的垃圾。看到一地狼藉，他不由得嗔心怨起。我记得在台湾中台禅寺看到一个阿公在扫雨水。雨还在下，他不停地在扫，扫出去的水，很快就被下的雨填满，雨一直下，他便一直扫。我问他为什么不等雨停了再扫，老伯说，我哪是在扫水，我是在锻炼。

家师说："想要有所成就，先要心甘情愿地奉献自己！人生在世，若能时时以心甘情愿的态度来实现理想，必能有苦时不觉苦，有难时不觉难，一切困境自可迎刃而解，而无事不办，无愿不成。"

恭祝：中秋快乐，瑞风和畅。

退后的人生更宽广

最近席卷全国的冷空气，让笼罩在雾霾里的人们，终于借着冷雨的来临，长长地出了一口气。生活在都市里的人们仿佛许久没有大口呼吸过，贪婪地呼吸着清凉的空气。面对着越来越严重的空气污染问题，许多人怀念那没有汽车的年代，怀念那蓝天白云的慢生活。

我亦是从那个没有汽车的年代走过来的人。今日之都市因为汽车的饱和让越来越宽阔的马路不堪重负，开车原本是为了节约时间，而拥堵将我们大量的时间消耗在路上，空气中的污染物一大部分也来源于此。

一切的科技文明都希望我们生活得更加安逸和便捷，然而今天适得其反，我们是该反思一下了。

布袋和尚有首偈子："手把青苗种福田，低头便见水中天；六根清净方成道，退步原来是向前。"

我们若能以退为进，改变我们的出行习惯，绿色出行，将汽车改为自行车或者步行，我们不仅可以甩掉身上臃肿的脂肪，还可以让紧随其后的高血压、高血脂，望而却步。餐桌上的大鱼大肉改成青菜豆腐，还可以让我们身轻如燕。放慢我们生活的脚步，用心体会食物的清香，用手触碰衣物的纤维，从细微处体会生命的美好，为了我们的生命质量，改变一下，哪怕是一周，抑或是一天都好，相信那时一定可以再见蓝天白云，青山绿水。

生命亦是如此，生活在都市里的人，看见的灰霾便是我们心灵的写照，我们每日知道洗漱后出门，我们的心灵蒙尘却不知清洗，任由其在厚厚的尘埃中黯淡无光。我们怎能够快乐？

要想让我们真正快乐，就要用忏悔的水洗净我们的灵魂，让冬日暖阳照进我们的心田，将我们心灵的角角落落进行一次阳光杀菌，让我们卸下沉重的灰霾，用心感知阳光的温暖。心净则国土净，那时一定会有天高云淡在等待着我们。

恭颂：冬日轻安。

时常感念别人的恩德

今天是佛教中非常重要的日子——感恩节、释迦牟尼成道日，是佛教的盛大节日。佛陀在世时，经过六年苦修，一日昏厥，所幸被一个牧羊女搭救，牧羊女用乳糜煮粥，令佛陀恢复体力，佛陀在尼连禅河中沐浴后，在菩提迦叶的菩提树下，发愿证道。经过七天七夜，终于证得菩提。

这天恰好是腊月初八，效仿释迦牟尼成道前牧女献乳糜的传说故事，用香谷、果实等煮粥供佛，并将腊八粥赠送给弟子及善男信女们，这就是佛教感恩节的来历，也是腊八粥的来历。据说有的寺院于腊月初八以前由僧人托钵，沿街化缘，将收集来的米、栗、枣、果仁等材料煮成腊八粥施给有缘人。传说吃了以后可以得到佛祖的保佑，所以人们又把它叫作“佛粥”。据说杭州名刹天宁寺内有储藏剩饭的“栈饭楼”，平时寺僧每日把剩饭晒干，积一年的余粮，到腊月初八煮成腊八粥分赠信徒，称为“福寿粥”、“福德粥”，意思是吃了以后可以增福增寿。

今天无论如何都建议您就近找一间佛寺，吃一碗热乎乎的佛粥。俗话讲“佛家的碗千金重，有缘无分端不动”，到佛寺去结个善缘，听一会儿梵音，静一下凡心。

佛弟子每日课诵之后都有感恩，感四重恩：第一感念众生恩，人活在世上没有众人的成就是无法存活的，食衣住行皆来自众生的成就；第二感念父母恩，百善孝为先，在宁静中感念父母恩，感谢父母将我们带到这世上来；第三感念国土恩，感恩国家的平安稳定，让我们可以免却颠沛流离之苦；第四感恩三宝，有佛法僧三宝我们才能在佛陀正法的摄护下，欢喜自在地生活。

释迦世尊到底证得了什么？对于今天的我们意义何在？世尊说：“奇哉奇哉，一切众生皆有如来智慧德性，唯以妄想执着不能证得。”世尊发现众生皆有如来智慧，因我们的妄想执着蒙蔽了我们。我们不知道自己是谁，不知道我们能做什么，可以做什么，任由一个狂野如野象的心，牵引着我们东奔西跑，不知所终。

随着佛陀证道的足迹，按照佛陀的教言一一奉行，人人皆有可能证得佛陀所证悟的诸法实相。从小就受到教育，滴水之恩，当涌泉相报。生而为人，首先要常怀感恩之心，感恩那些给予我们帮助的人，唯有这样，才能够和这个世界和谐相处，和有情众生一同享受生命的美好。

从善如流

这几年随着中国传统文化的觉醒和复兴，身边的好事善举越来越多。无论是公募基金还是社团组织，大家逐渐意识到了行善不能等。很多人意识到“不积小流，无以成江河；不积小善，无以成大德”。越来越多的人知道了随时给人帮助，知道了要想生活幸福，就要拥有“三好人生”：口说好话，身做好事，心存善念。一个人只要看管好自己的口、身、心，幸福自然不期而至。

今日和大家分享的主题是“从善如流”。诸位都是有智慧和福报的人，从善如流的意思自不必多说，看到听到，随喜去做就是。我想把“从善如流”的终极目标和大家分享一下。

一个人的诞生是因为情爱，时常在佛经中看到“情不重，不生娑婆”，既然我们基于爱来到这个世上，自然每个人都希望获得幸福快乐的生活，愿意自己一生被爱包裹。我也时常说，我们是为了享受阳光才来到这世上的。一个人要想幸福，无论外面是晴是雨是雾是霾，在心中必然要有一缕阳光、一丝春风，告诉自己雨总会停，雾霾总会被吹散。

时常有机缘四处走走，接触过不同宗教、不同信仰的人，大多有一个共同的特点，就是从善如流。无论是什么宗教、什么肤色的人，当他心中充满阳光，呈现在脸上的一定是平静、满足的笑颜。这也正应了“相由心生”那句话。很难想象，一个内心充满妒忌、怨恨的人会有一个平和温暖的微笑。人生的路有千万条，遗憾的是，我们只有一双脚，只能走一条路，要怎样的人生，全在我们自己的一念间。人生只能自己为自己负责，要成为什么样的人，只有自己决定。

从善如流的人有正人君子的风度。何谓正人君子？在我看来就是那些心中充满阳光的人，无论自己的境遇怎样，都保有“三好”人生的人，即便是荆钗布裙、缁衣乱头，亦不掩国色。

点滴善行，从我做起。假以时日，我相信会有愈来愈多的人加入这美好的行列。

恭颂：美丽心灵，美好生活。

守分身无辱，知己心自闲

日前观世音菩萨圣诞，造访了律宗祖庭净业寺，有幸看到了弘一法师的嘉言集，其中两句，“守分身无辱，知己心自闲”，很是喜欢就记下了。

做人一定要恪守本分，以往我们做了很多无谓的抗争，磕碰得头破血流。到了这个年纪，坐到了禅堂里才豁然明白，都是我们的执着妄想惹的祸。我们都不认识自己，不认识自己的时候就肤浅，凡事想当然，认为我要怎么样就该是怎样。当我们屡屡碰壁后，还不自知，都觉得是别人的不是，仿佛全世界都亏欠了我们。

人生的幸福，需要平常心去承载。我们腔子里跳动的那颗心，每一个点都是外溢的，向外求人就会痛苦，欲望太多，满足太少。人生的修行，很大程度上就是学会控制欲望，管理内心。谁都会有欲望，但超过自己承受范围的欲望，就会德不配位，只会让自己陷入痛苦的泥淖。学会满足，就掌握了开启幸福之门的钥匙。认识自己，充分评估自己，不夸大自己，也不贬低自己，修炼一颗平常心，痛苦就会越来越淡，幸福自然就会越来越浓。

生命呼吸间，爱恨一念间，得失无常间。无论是对自己还是对别人，都别要求太高，生命脆弱，人生无常，淡然面对，且行且珍惜，因为太多过往告诉我们，今天活着，明天就不一定去哪了。愿我们每时每刻能安立好心态，过好生命的每一天，不浪费人生，看清楚无常。

这世界正是因无常四季才能交替，大自然才能运转生机，因无常，生感恩想。好坏、苦乐、善恶、爱恨可能互变。因无常，生平等想。因正知无常，才能正修无我，进能正知因果缘起。因无常，众生才有解脱的可能。因无常，一切皆有可能，生乐观想。无常绝非悲观消极。因无常的随时紧随，让我们的生活更加脚踏实地，关注在每一个当下，做好自己，认真活好每一天。

无常让我们以感恩的心态面对生活，生活才会充满阳光。心灵是一面镜子，里面装着什么取决于你面向哪里。世界并不完美，生活难免有缺憾。幸福是一种对照，因为流过泪，所以笑得更甜美。收起抱怨的心，让心灵的镜子照向光明，让黑暗躲到角落里，眼不见心不烦。凡事都是优劣并存，多看好的一面，心就不会流泪。

春天来了，不要将自己遗忘在冬天里闭藏。面向春天，面向阳光，让一切美好映照在我们的心间，心里充满美好，才算是真正融入春天。

恭颂：春日吉祥。

诚信是第一财富

随着互联网的发达，我们对于地球角角落落发生的事情，了解得越来越多，越来越快。随着经济的发展，人们前所未有地渴望财富。时常俯瞰楼下川流不息的车流，不由得想起那句“天下熙熙，皆为利来；天下攘攘，皆为利往”。古往今来有几人都能够看得破，逃得脱？

追求财富原本没有什么错，只是这追求财富的手段需要仔细考量。

古人说“君子爱财取之有道”，这个道是什么？《道德经》已经说得明白，道无非是自然规律，四季更迭有自然之道，开车骑车要各行其道，为人也要有为人之道，求财也有求财的道，核心就是“诚信”二字。

最近看到一篇文章，世界食品博览会上，我国偌大的展区前门可罗雀，台湾、日本、韩国的展区前摩肩接踵。食品是我们赖以活命的生命之源，我们号称地大物博，养育十三亿人口的泱泱大国，是以什么样的食品在哺育着我们的子孙后代？

一则漫画说，送牛奶的一定比喝牛奶的健康。贩夫走卒凭力气吃饭，很少有人闹失眠，虽钱少却生活得心安理得，如果再有孝顺子女，那就是锦上添花的天伦之乐。这些人吃得下、睡得着，比那些达官显贵幸福得多。而不踏实的心如林中猿猴，腾挪跳跃一刻不得安宁。神光大师见到达摩祖师时说：“我心未宁，乞师与安！”达摩说:“将心来！与汝安”。慧可觅心不得，乃曰:“觅心了不可得！”达摩说：“与汝安心竟！”所以神光易名慧可，是从他顿悟的智慧而印可的。可见佛门大德也难安的心，靠权力、欲望满足的贪欲又如何能安？

今天我们社会问题的根源在于没有信仰，没有尊严。心灵的日益荒漠化，让人的基因变异，越来越缺乏人的味道。如同今天的食物，草莓可以有巧克力味的、玫瑰味的、奶油味的，唯独没有了自己的味道，人亦然。将一个个原创的人生过成了假冒伪劣的盗版，实在是可惜。

恭颂：心安处处安。

修行是最好的礼物

最近气候适宜，草长莺飞，繁花似锦，被隆冬缠缚的心苏展开来。因着最近佛教节日颇多，加上春日艳阳，在佛寺中走动的人们突然增加了。许多人不为求佛，“只为途中与你相见”。

夹杂在这熙来攘往的人群，细观身边的善男子善女人，“菩萨菩萨，您挺忙的，别管别人只管我吧！我要是……一定来给您……”“菩萨，请求您让我的孙儿好好学习，考大学，上博士，我甘愿服侍他到……”“佛菩萨，我给您烧了八百八十八元的香，请您一定要保佑我今年赚上千百万，明年我来给您烧头香。”时常发现，那一脸虔诚后面是一颗多么贪婪的心，我惊惧自己的发现，偷眼看莲台上的佛菩萨，却安心自在地微笑。是笑他，抑或是笑我。

时常想，人们在求佛这件事上，总是一厢情愿。我们认为给佛菩萨上了香，磕了头，佛菩萨定然应该满足我们的一切要求。佛菩萨固然是慈悲，尽一切可能在满足人们的愿望，然而人们的愿望千奇百怪，有的愿望并不慈悲，就是满我们的愿，也需要我们自己去实现。树上的果子熟了，也要我们去摘才能吃到。如果您想吃葡萄，自己却种了苹果，那么只能是和人交换，许自己的苹果给人，换得别人的葡萄。种下苹果却要自己的树结葡萄，无有是处。如是因，如是果。即使是伟大的佛陀，也因儿时年幼在鱼头上敲打三下而感受到头痛三天的果报，何况你我业力凡夫。

无论我们求佛求了什么，都需要我们去努力，如果不自己努力，只等佛菩萨将所求奉送，那恐怕是要等到海枯石烂了。

不管我们愿意不愿意，我们都要成长，日升月落累加的不应该只是年轮，还应该是有所收获，抑或是觉悟。时常在佛寺中听到，“皈依佛，两足尊；皈依法，离欲尊；皈依僧，众中尊”。皈依的意义是让我们的修行和佛一样，觉而不迷、正而不邪、净而不染，在修行成长的这条路上，求佛只是最初的层次，高级的修行就是自己做佛。

证严法师一语道破：“学佛不要求佛，要学习佛陀的人格——大慈悲、大智慧和大勇气。”这或许就可以解释，为什么最初只有三十多名追随她的信众，如今慈济功德会却在全世界发展到上千万之众。

现在求佛者多，信佛者寡；学佛者浩浩，成就者寥寥。究其原因，不正信所致。大多数人只知道求佛，不知道求己，让自己的命运随业流转，不知道自己掌握自己的命运。关于学佛改运的事情古今无数，流传最广的《了凡四训》《俞净意公遇灶神记》等，都充分说明了命运不在佛菩萨手中，我们的命运都在自己的一念心间。

信仰正法是第一坦途，路走对了，坚持不懈地走下去，终将会走到目的地。修行是我们此生给自己最好的礼物，学佛不要求佛，则人皆可成佛。

人生路上，我们有一门功课叫“接受”，学会接受命运的安排，好的也许是我们往昔所造善因的果报，不好的也许是我们往昔业力的果报，一切本该如此。学会坦然接受，认真面对，解决问题，放下自在。

生活在滚滚红尘中，时刻都要和人打交道，善待一切和您有缘的人，佛说：“未成佛道，先结人缘。”祈愿大家在欢喜结缘中，度过这美丽的季节。

恭颂：岁月静好，自在怡然。

佛菩萨是谁，我们是谁

近日读到一篇习主席在巴黎讲话的文章，非常欢喜愉悦。作为主席的家乡人，生活在陕西这片黄天厚土之下，深刻地被中国历史文化所折服。

主席的这次演讲以文明发展为主题，这是目前中国发展的瓶颈。改革开放三十多年来，中国人的物质文明达到了一定的水平，这是举世公认的成就，是了不起的。而物质文明和精神文明是衡量国家综合素质的核心，目前中国的软肋在精神文明方面。所谓“仓廪实而知礼节”，吃饱了饭，我们就该学学精神文明了。

中国传统文化是建立精神文明的核心，《华严经》的一句偈语可谓一语中的：“应观法界性，一切唯心造。”我们伟大的祖先创造的文字是揭示我们生命的密码，主席说的话，以我的理解，是从心开始。何谓从心开始？先看看这个“心”字，三个点代表着中国传统文化，传统文化的核心是儒、释、道。下面承载着三个点的弯钩就是我们的中华血脉。千百年来，中国人的血脉中承袭的儒释道思想，生生不息。我们已经不自觉地习惯了以儒治世、以佛治心、以道治身。

儒释道是中国传统文化的核心，经过两千多年的相互吸收，包容共存，已经是你中有我，我中有你，不可分割了。儒家思想中的“穷则独善其身，达则兼善天下”，“学而优则仕”，至今依然影响着千万人。

进入二十一世纪以来，中医这个藏在深宫无人知晓的岐黄之术，一夜之间风靡全国。一时间电视报纸、街头巷尾涌现了无数的大师、神医，使很多老百姓蒙受损失。这说明我们的传统文化之薄弱，人们没有辨别是非的能力。看过《红楼梦》的人都知道，贾府看到药方不会马上抓药，是要审方的。中医的理论基础《黄帝内经》已经将我们生病的原因和治疗的办法讲得清楚，后世的《伊尹汤液经》、《伤寒杂病论》、《千金方》、《千金翼方》……无不是道家传承的精髓。道教和儒家形成的时间相隔几十年，道家经典《道经》和

《德经》的核心思想是崇尚自然、清静无为、寡欲不争、慈俭济人、深根固蒂、长生久视、返璞归真。故道教以道为信仰核心，以修道来完善自我和兼善他人。

从儒家的积极入世和道家的消极遁世来看。“心”字的两个点都跑到心外去了，腔子里只剩下一个点，就是佛法。

佛法是中道，中道自然要担当中流砥柱的责任。很多不了解佛法的人都认为佛法是消极的，因为佛法总是说“放下”，到底放下的是什么？世人恐怕多半只知其一不知其二了。

佛法是什么？简单说，是佛陀释迦牟尼对众生的教育。释迦牟尼佛四十九年所说的一切经，就是说明宇宙人生的真相。人生就是自己，宇宙就是我们的生活环境。修行就是将我们对宇宙人生的错误看法、想法、说法、做法加以修正。佛教的修行纲领是觉、正、净，觉而不迷，正而不邪，净而不染。依戒定慧三学，以求达到此目的。

佛菩萨是谁？他们怎么保佑我们？

释迦牟尼佛是彻底究竟觉悟宇宙的人，具有高度的智慧，圆满的德能，无上正等正觉。佛是我们的老师，他教导我们按照他觉悟的方法，人人都可成佛。菩萨是我们早期的学长，我们与佛是师生关系，与菩萨是同学关系。我们应该在生活中依照佛菩萨的教诲，身体力行去做，有一分诚敬，得一分利益，从中得到真实的智慧。对人事物做到恰到好处，圆融自在，这是佛菩萨对我们的真实保佑。如果把佛菩萨当作神明、神仙、偶像来顶礼、膜拜，那就是迷信，是错误的。

佛法教学是高度的艺术化。寺院是佛法教学与佛法艺术相结合的教育机构，就像现在的学校与博物馆结合在一起，这种形式，就是现代所讲的艺术教学。寺院中的建筑风格及供奉的佛菩萨像、诸天护法像、各种供品都具有很深的教育意义、很高的灵性智慧。所有这些设施都是高度艺术化的教学工具，懂得其中的内涵，一进寺院，整个佛法就活活泼泼地展现在我们面前。

佛法教学的目标是彻底破除迷信，启发真正的智慧。佛陀四十九年所说一切法就是让我们在生活中处理好人与人之间的关系、人与大自然之间的关系、人与天地鬼神之间的关系，辨别真妄、邪正、是非、善恶、利害，建立理智、大觉、奋发、进取、乐观、向上的慈悲济世宇宙人生观，让一切众生转恶为善、转迷为悟、转凡成圣、离苦得乐。

有一个著名的故事“哭婆和笑婆”：

古时候，有个老婆婆总是不停地在一座庙前哭泣，晴天哭，雨天也哭。人们都叫他哭婆。

一天，有个老和尚问他：“老人家，你为什么哭得这么伤心？”

老婆婆说：“我有两个女儿，大女儿卖伞，小女儿卖布鞋。天晴的时候，大女儿的雨伞卖不出去；下雨天又没有人去买小女儿的布鞋。她们挣不到钱，可怎么生活呀！一想到这些我就难过。人呀，怎么这么难？”

说完，老婆婆又悲悲切切地哭了起来。

“老婆婆，你为什么不反过来想呢？晴天你小女儿的鞋店前门庭若市，雨天上街的行人又都往你大女儿的伞铺里跑。这样不是就不苦了吗？”

老婆婆觉得他的话有道理，便听从他的劝告。从此，天天笑得合不拢嘴，哭婆变成了笑婆。

世界没有改变，换一种心情去生活。心情与我们形影不离，它甚至比影子的追随还要固守得多。光不存在的时候，影子就藏在深深的黑暗中了。佛法便是通过这一系列的教学和修持，改变了人的心，当心变了，一切都变了。

改变人生，就是要从心开始。纵观世界史，战争不断，唯有佛法从创立伊始就秉承着慈悲平等的思想，有佛法的地方没有战争。当今世界需要的正是放下烦恼、放下包袱，与人和谐相处，与世界和谐相处，与宇宙万物和谐共处，这样的处世态度，我想是符合主席的意思说吧。

第二篇　有缘相聚，有缘相守

纳悦台

近来混迹于文人墨客之中，自己也感觉有了一抹恬淡的墨香。

昨天下午，借朴素师父的光，有幸参观了“明镜台”中的佛家庄。站在佛家庄的大门外，高高的院墙，厚重的木门，已经让我感觉到了它的威严。走进佛家庄，最先迎接我的是佛家庄的护法金刚——奥本。据说是个有着贵族血统的德国黑背，它的父辈曾经在国际上获过大奖，它的耳朵上还有血统编码。穿过长长的竹林大道，路边随意散落着石狮子、柱顶石、拴马桩，每一样都让我惊异。朴素师父一路悉数讲着每一个物件的来历。

在向往的荷塘上，听着蝉鸣，品着岩茶。耳畔是高谈阔论，实在是享受。由于时间仓促，只是走马观花，和朴素师父相约，再找时间，携琴访友，在佛家庄盘桓数日，领略“明镜台”中的心境。品景，品画，观心养性。

傍晚，受朋友邀约，去一个篆刻大师工作室看印。随喜而去，发现是一栋现代大楼的一隅，满室墨香，画案旁的中式茶几，一壶清茶，映衬着窗外滚滚红尘，静谧安详。静夜客来茶当酒，大师取来好茶，一边品茗，一边把玩着新近篆刻的印章。一枚“随喜”，刻得禅悦充满，让我赞叹不已。一枚“无上咒”，更如密宗神秘的符号一般，让才俊师兄爱不释手。当下运笔，一幅洒脱的“目空一切”跃然眼前，才俊师兄对《心经》了然，“色不异空，空不异色”已经理解透彻。

无意间，大师请师兄为工作室命名。不知天高地厚的我，面对窗外车水马龙，坐在高高的楼台之上，寂静的画室之中，仿佛置身在一个高台之上，脱口而出“了尘台”，取了解尘世，入世间法，混迹于红尘滚滚之中；了结尘世，出世间法，超脱红尘，在自己静谧的空间追逐自己的艺术享受。大家觉得不妥，言谈中，想起前日的话题，生命的无常。人一生，活得百年身，虑得千年事。解脱在当下，涅槃在当下，对于生命心存感激，不论是苦受，还是乐受，悦纳才是自在的根本。当即说出了“纳悦台”，白天敞开心扉，吸纳喜悦，晚上楼台小坐，纳月品茗，何其悦乐。大家都说好，当即定名，相约他日待挂匾之日，再度造访。心中跃然，欣然归。

悦纳人生

前两天和朋友探讨公司业务，朋友说我就像电脑，时常受病毒侵扰，带有艺术家的忧郁气质。

我不知道是否如此，我只知在这世上，我是不合时宜的，朋友调侃为三鱼（愚）。生活中我爱鱼，曾经精心饲养过金鱼、热带鱼……以鱼为主题，曾经设计过有鱼元素的靠垫、抱枕和桌布，此为一愚；第二愚是眼拙，屡屡上当受骗，却仍以诚待人，总是被曼陀罗美丽的外表迷惑；第三愚是执着，对我喜欢的事痴迷执着，沉浸在自己的世界里百转千回，为了世事的昙花一现，对一件事坚定到近乎无助，亦无希望，仿佛走在荒漠里，烈日炎炎，还是继续走下去。

忽然想到，佛陀说的贪、嗔、痴，我已俱全，需要修得心、口、意。佛陀说，要感念给我们苦难的人。面对苦难，要用感恩的心悦纳。不好的当作一种磨砺，好的当作努力的奖赏。世间曼陀罗花随处开放，人们只看到了它的美丽容颜，有几个人知道它有毒？人生短短几十年，做一个对自己负责任的人就好。

我对佛法知之甚少，不敢妄加评说。我想佛的意思是要我们换个思路来看待生活。用感恩的心，悦纳人生。

乐闻轩

一个朋友致电，问我乐闻轩是什么地方，我告诉她说是我的书房、琴房、读书室兼设计室，就是我的多功能厅，也是我写字的地方。

叫乐闻轩是读佛经时，在佛陀为有情众生宣说佛法时，有情常说“愿乐欲闻”，就是对世间的一切，我都愿乐欲闻，在为纳悦台命名的那天，我就为我的斗室取名“乐闻轩”，希望自己在乐闻轩中，博闻广思，精进修行。

生我者父母

这个行色匆匆的世界，每个人每一天，都为着各自的事情穿梭奔忙，常常忽视爱我们的人和我们爱的人。想想我们已经多久没有和父母通电话，多久没有陪父母吃顿饭，多久没有陪父母说说心里话，很多人平时借口忙，却忽视了为我们操劳一生、日渐老去的爹娘。俗话说，父母的心在儿女上，儿女的心在石头上。我们的心随着时代飞旋，没有时间驻足冥想，回味往日的亲情温暖。

我小时候身体差，出身也差，为了让我在家坐得住，父母让我学琴。那个年代没有现在条件好，也没有这么发达的公共交通。我大约半个月左右汇一次课。从父母单位坐长途汽车到奶奶家，奶奶家在小南门外，从小南门到音乐学院要步行大约六七站。刚开始学琴时，我只有六七岁。

小时候家教很严，基本不敢和父母提要求，对一个小孩子来说，走六七站路是很辛苦的事。对于从小身体羸弱的我来说，更是辛苦。每次一来一回，我的心总是恐慌。每次从音乐学院出来我就一直盼望着可以看到红绿灯。那时候只有南稍门十字有一盏红绿灯，立柱式的。在我记忆深处，那盏红绿灯就是回家的希望。只要看见它，就离家不远了。

父亲走路一直很快，小时候我基本都是半跑才可以跟上他的脚步，从来不敢让他停下等我。再累，都要坚持着，坚持着。其实那时有一段公交车可以代步，从南稍门到体育场，坐三路，只要五分钱。那时父亲年轻，也许不愿意耗费时间等车，我们都是走路。记得一次汇课出来时间早，父亲看我那天身体不好，破天荒说要坐车回去，我高兴得忘记了难受。由于我瘦小，可以从大人们中间钻挤过去，等车来了，我拼命地挤上去，给父亲占到一个位子。看到父亲坐下，我心里好高兴，可以有一个孝顺父亲的机会。

一个月前和父亲散步，发现一向急脾气的父亲，走路时常要让我等候。看着父亲灰白的头发，微驼的背，没等女儿长大，就这样老去，不禁悲从中来。

我和父亲基本是一类人，我遗传了他个性中的优缺点。青年时代，因一些琐事，我竟和父亲一年多没有说话，现在想来羞愧难当。在我和父亲不说话时，也是我人生的低谷，我曾经想要逃离，逃到父母去不了的国外。就在我热火朝天办出国手续时，母亲病了。

从我记事起，母亲就与药相伴。家里也总是阵阵药香，不知道从什么时候开始，我喜欢上了中药。现在还是喜欢看药店装中药的匣子，闻各种药混合的香味。出于喜欢，我买了很多中药图谱，闲来翻看药理药性。如果以后有机缘，我真想做一个杏林中人，做一个华佗末世子孙，也学他悬壶济世。

母亲是心肌缺血，当时命悬一线。当医生把我叫到办公室，告诉我后果时，我一下懵了。看着医生一开一合的唇，我什么也听不到，心里拼命狂喊：“不可能的！不可能的！”不知是怎样走出来的，疯了一样地找寻懂医的朋友，对每一个懂医的朋友说：“如果是你母亲，你会怎么做？”得到百分之八十的意见后，我知道要做什么了。今天看着越来越老的母亲，我惭愧今天还让她操心，不能给母亲一个安适的晚年。

今天，我在佛祖面前跪下，向佛祖祈求，让我的父母健康长寿，让我可以孝顺他们。“父母在，不远游。”现在我们可能由于这样或那样的原因，没有办法不远游，但是无论在天涯海角，我都会记挂着他们，常常和他们通电话。当然都是报喜不报忧，让父母少为我挂碍。比起那些子欲养而亲不待的人，我感觉幸福无比。

我们东方人含蓄内敛，不善于表达自己的感情，对所爱的人更是如此。说什么大爱不言，问问自己多久没有对父母说过“爱”这个字。从今天开始，对我们的父母，敞开自己的胸怀，包容他们，悦纳他们。告诉他们儿女是多么爱他们，感激他们给予我们生命。有他们可以爱，可以孝顺，就是我今生的福报。今生可以做父母，是三生石上早已缘定的。好想告诉他们：“今生可以做你们的女儿，我感觉很庆幸，希望来生，我们还可以做相亲相爱的一家人。”

我的母亲

这几天过年，心也懒懒的。给父母精心准备饭菜，成了每天的功课。昨晚看电视，电视中的人们为了一根油条反目。我顺嘴说了一句，很久没有吃油条了。早上起来就不见父母的影子，等了很久才见回来，原来是为我去买油条了。

大过年的，做油条的小摊子还没有开工，他们跑了很远，好多个地方也没有找到，一脸的遗憾。接着是我愧疚的埋怨。这冷冷的早晨，出去太早我也不放心。母亲急忙解释说是她想出去转转。

我承袭了父母的敏感，总是怕他们太过辛苦。尤其是母亲，身体一直不好，不知什么时候会发作的冠心病，一直都是悬在我心头的利剑。初一去寺院祈福，我祈求佛陀保佑父母健康，让我可以多多尽孝，多带他们出去旅游。

人老了就喜欢回忆过去。昨天父母带外甥去大雁塔北广场玩，为了玩一个游戏，排队两小时，外甥仅玩了十分钟，母亲感叹，现在孩子们玩的东西真多，尽管她一天都在排队，让外甥玩好她好像比外甥还高兴。

回来说起我们小时候，有一年过年，为了让我和妹妹坐电马，她在公园排队的事。在那个物质匮乏的年代，听说有孩子玩的电马，母亲带我和妹妹，坐了两小时的车，排了整整一天的队，在下午五点才坐上。母亲不知道，那十分钟的电马给我带来了多少童年的快乐。此后同学们羡慕了我很久，直到今天，我依旧对电马情有独钟。

母亲是一个没有多少文化，又任劳任怨的中国传统女人。生长在一个特别的家庭，使她身上具有矛盾的两面性。外公当年做地下党时，为了掩饰身份，续弦娶了门当户对的财主的女儿——外婆。

外婆是一个典型的传统旧时妇女，夫权至上。母亲幼时，外公忙于革命工作，时常难得见一面，家里常常靠外婆的娘家周济。说是财主，外婆又不谙家事，日子也过得恓惶。母亲和姨姨、舅舅们的身体都不大好。母亲在十几岁时就被外公送去部队。要不是当时大病一场，也许今天她就在西藏了。母亲从部队转业到地方教小学生时，认识了父亲。

她此生最遗憾的是没有将她明亮的眼睛遗传给我们。我和妹妹都遗传了父亲的近视眼。现在我们家的下一代，又遗传了我们的近视眼。母亲的眼睛一直很好，现在是老花了。看见我们眼睛不好，母亲在二〇〇六年作出了一个让我们都震惊的举动，她在遗嘱中提出，要将她的眼角膜捐献给社会。无论将来她在什么地方往生，我们都要将她的眼角膜无偿捐献给社会，让更多人重见光明。

母亲就像一朵小山花一样，静静地开在她的世界里。我无法了解母亲的内心，母亲不善交流，心里有自己的主意，一旦决定很难改变。作为长女，我没有给母亲多少帮助，有的只是无尽的烦扰。看过张洁的书《世界上最疼我的那个人去了》，我更加理解母亲。她是我的骄傲。

母亲住院记

三十九床吃药，三十九床打针，三十九床抽血，三十九床排痰，三十九床量体温，三十九床……在医院的日子，我没有了名字，被“三十九床”取而代之。

每天从上午到傍晚，是我陪护母亲的时间，晚上是妹妹。妹妹体质好些，她又疼惜我，所以选择值长夜。

张洁写过一本书《世上最疼我的那个人去了》，是作者在母亲床前写成的，回顾了和母亲相依相守的半个多世纪，写得感人至深。也是因为这本书，我不再和母亲执拗，对母亲言辞和善，体会到了她的辛苦。

母亲是突然入院的，当时我正在和友人下午茶，突然接到父亲的电话，说母亲跌伤了，让我开车来接。我匆忙赶到时，父亲已经赶到，母亲依旧坐在地上，身上的灰土已经被掸掉了，只是脸色苍白得可怕。众人将母亲抬上车，我不断地告诉自己要冷静。一边开车，一边联络在医院的友人。所幸一路顺利到医院，接下来拍片、急救，忙得几个人团团转，母亲在急救床上瘦弱无助，她深色的衣服和急救床的咖啡色浑然一片，能看到的只有她苍白的脸，和灰白的头发。

母亲意识清楚，只是紧闭着唇不断发出细细的声音，疼得紧了，会发出一声低沉的呻吟。别人对此可能不易觉察，在我却是心上猛的一刺，刺得我的心立刻缩成一团。迷茫、焦虑、心疼，折磨得我不知所措，唯有一手抓着母亲冰冷的手，一手抓紧急救床的扶手。医院里新旧楼的搬迁还没有结束，拍 CT 的地方要通过一个起伏的楼道，那楼道阴风阵阵，吹得我打了个寒战。不知道在哪本书上看到过，说晚上突然打寒战，是和地狱中的鬼相撞，于是赶紧握紧母亲的手，怕一松手母亲就不见了。

推上推下的那条路，今天想来出奇地长，仿佛没有尽头。幸得有人帮助，所有的检查都没有太耽搁时间。在楼上楼下的奔忙中，夜已经浓重，母亲住进病房已经是几个小时之后了。躺在病床上，母亲的腿被一个铁架子高高地吊起，在病房的白炽灯下，脸色依旧煞白。

这时才通知了妹妹，让她不要来，但妹妹和妹夫还是在第一时间赶来了。

第一夜我陪在母亲床前，母亲刚要入睡，旁边的病友下了手术台回来。患者五十岁左右，守在床边的是一对未婚小夫妻。术后两小时至关重要，怕病人借着麻药的作用睡去，需要家人不断地呼唤。病友的女儿一边玩手机，一边陪她母亲说话。

母亲不晓得是痛还是吵，有些烦躁不安。怕她动，使手上的吊瓶跑针，我坐到她床前用手指轻轻地梳理她的头发，抚摸她的脸庞。轻轻告诉她不怕，不怕。在我的抚摸下，母亲逐渐平静，慢慢进入了睡眠状态。猛然抬头，发现吊瓶里的液体已经打完，赶紧奔向护士站。一晚上，母亲就在似睡非睡中挨到天亮，她胆子奇小，也许是打针的原因，手更加冰凉，而且不时地颤抖。

我握着她的手，祈愿心手相识，借由我的体温温暖她，渐渐的，她意识模糊，逐渐睡去，我依然守着吊针，怕自己睡去，在手机上设定了闹铃。吊瓶打完时已经是凌晨，我筋疲力竭地只想倒下。

一进医院就要吊水，这种医疗方式在母亲住院过程中，使我心力交瘁。母亲每天都有若干瓶水要吊，在医院的日子里，每天最为忐忑的就是她的吊水。母亲的血管不太好，每日打吊瓶前我们都如临大敌，碰上技术好的一针就好，碰上技术一般的，通常要扎上几次。为了让她减少痛苦，我们选择了滞留针，遗憾的是滞留针最多一天就不能使用了。扎上吊针还不是万事大吉，要随时看着，由于一天要打数瓶，不管怎么小心，还是会跑针。最多的一次一天扎了五针，可怜的母亲，出院时手上竟然没有一个地方是好的。尽管我们万分小心，每天土豆片、热敷轮番上，还是免不了成为千疮百孔的一双手。有时候实在没有办法，就在脚上扎。为此我对吊瓶深恶痛绝。

第二天医生来上班时，母亲受伤的腿已经很粗了，整个腿像抹了明油一般明亮，受伤的部位隆起了一个手掌大的燎泡，明晃晃的吓人，周边还围绕着几个核桃大的血泡。这些叫作涨烈性水泡的血泡让母亲在医院住了三周，待水泡消除才能手术。

为了消除母亲的水泡，我想到曾经在三亚打佛七时，眼睛被三亚的蠓虫咬了，肿得无法睁开。寺院的大寮师兄给我切了很薄的土豆片敷，很快就消肿了。为母亲找来土豆敷。医院条件有限，加之我的刀工不行，土豆片总是粗笨得不能妥帖。后来父亲找来了刨片的工具，依然不能刨得很薄。为此我从网络上订购了一个切黄瓜片的美容器。美容器还没有寄来，父亲已经将刨片工具改造得非常完美，让我佩服得五体投地。

每天无数次敷土豆片和热敷，交替让母亲的腿缓慢地开始消肿。我的工作是盯着吊瓶，盯着母亲的手不要跑针，随时给母亲换土豆片，帮助母亲处理“进出口”问题。

刚入院的几天，母亲无法接受不能够自己大小便的事实，加上一天七八瓶的水打着，经常要小便。接便器还使用不熟练，母亲身下的小被褥要不停换洗。原本也想请一个护工，看到旁边床的人用的护工，病人大小解时，她先带上长长的胶皮手套，再搬动病人的身体。但是看到病患的一个冷颤，让我放弃了请护工的念头。心想，就让我自己来伺候母亲吧。

母亲体重也就八十多斤，可最初给母亲服侍大小便时也是困难的，我要搬动她的身体。为了不让母亲生褥疮，我们必须保持她体下干燥，稍有潮湿都不行。出院前看到一个病患，整个屁股都溃烂了，病人痛苦万状，且病床恶臭难闻。我暗自庆幸，还好母亲不是这样。

母亲在住院之初，得了电话恐惧症。我一接电话她就要小便，有时候刚小便完，只要我的电话响她就条件反射地要小便。我知道这是她害怕，怕我又像以前那样，接到电话就要拿包远行。这一刻我才发现母亲如幼儿般依赖我，我也乐意给她依赖。我给她讲佛经故事，讲因果道理，她听进去多少，我不晓得，倒是临床的病友渐渐亲近了佛法。

我和妹妹不同，妹妹善于交际，几任病友的家眷都和她成为了朋友。我生性比较安静，母亲小睡的时候我不是读书就是做功课，也无暇闲聊，所以我在的时候病房基本是比较安静的，不像妹妹在时热闹，从母亲的表情来看，她是喜欢热闹的。

我时常想，要是多几个兄弟姐妹就好了，我们家人丁单薄，每每到出人出力的时候就有些窘迫。也有些挚友总是告诉我，需要人时招呼一声。我恹恹的，总是怕叨扰别人，麻烦别人，凡事硬着头皮自己扛。也许是一个人久了，习惯了一个人品尝吧。

为了不让房间有异味，尽管是隆冬，我也每天开窗换气数次。为此很久没感冒的我，两度感冒。医院护工打扫卫生很是马虎，不习惯肮脏的我，每天也要至少用泡过消毒液的拖把再擦一两次地。

每天的时间在各种治疗中流逝。妹妹疼惜我，晚上总是来得很早，即使这样，她来接替我后，我回到家也已经累得筋疲力尽。通常是赶快洗漱后就做功课，由于母亲生病，我加诵《药师琉璃本愿功德经》，经常功课做完就接近子夜，第二天早上睁开眼睛就准备上医院。

母亲漫长的求医路，在我们的奔忙中终于迎来了手术。一般人住院一周左右就手术，术后三天就可以出院。母亲入院三周才被通知手术，临床的病友来来去去已经换了两位。第三位是一个七十六岁的老太太，儿女成群，据说一家有三十余口。医院规定只能一个人陪，那家随时至少两个人，多的时候七八个，小小的病房时常人满为患。母亲时常烦躁，我趴在她床边小声说："人家的儿女是担心妈妈，所以我们要理解。没事谁愿意到医院来。"母亲渐渐好些。

第三任病友很快出院了。第四任病友是一个老干部，老太太很可怜，得了亢奋型老年痴呆症，是从别的病房转来的。母亲在医院期间一直住的是由单间改的两人间，那临床的病友头天还算安静，接下来的日子一个劲儿地在床上"开会"，通宵达旦。一会儿叫某位大领导，一会儿叫警卫员，如此不眠不休地诉说了三天两夜，才在医生护士的镇静剂下稍微安定。我时常感慨这样一个油尽灯枯的耄耋老人，怎么会有如此大的精力。

一开始母亲是不肯接受的，我告诉她这个老人家很可怜，她无法接受自己现在的生活，思维一直定格在她最辉煌的时代，大概是太寂寞了。从她儿女的只言片语中了解到，老人家发病源于一次非法集资的惨重损失，那次损失使她的自尊受到了践踏，她这样如此成功的人是不允许自己失败的。逐渐的，母亲接受了这个聒噪的邻居，并和她和睦相处。

母亲在临床老太的咆哮中，终于等来了手术。好在母亲的一只耳朵由于中耳炎听不清，另外一只我们给她堵上了棉球。我和妹妹充耳不闻，做自己的事情。

为了母亲的手术，我准备了很多文章，准备在术后念给她听。手术持续了三个多小时，手术室让人感到了生命的轻贱，每一个病患如同进入屠宰场的羔羊，那一刻我突然觉得生命好没有意义。

术后推回到病房，母亲的意识清晰，只是恶心想吐。没有了假牙的嘴巴干瘪着，口齿不清地说着话。为了不让她睡觉，我负责在她身边给她读各种美文，每过一两分钟强迫她回应我一声。我一手梳理着她斑驳的头发，一手扶着 ipad，轻声地读。那两个小时非常漫长，我大约读了一个半小时，换了妹夫和她说话。

从未觉得妹妹和妹夫这样亲切，若没有他们，真不知道那些日子会怎么熬过。母亲是胆小的，她怕痛，我们尽可能在她感觉痛的时候和她说话，分散她的疼痛。医院给的麻药泵只能用四次，慢慢长夜还等着她。

母亲住院的日子，我每天睁开眼睛，脑子里就一件事：上医院。医院的电梯特别慢，我为此熟悉了医院的消防电梯，每次坐到一半再走几层。为此我熟悉了医院的角角落落，为的是尽快到达她的病房。

母亲的第四个病友在无法自控的情况下，屡次撕开自己的伤口，让医生头痛不已，术后第四天被转到别的科室。之后来了一位八十岁的老者，也是一个脾气暴躁的老人，据说以前是老师，对比他小二十岁的妻子总是在吼，他妻子也是近六十岁的人，好脾气地应对着。

老者有一养女，养女的女婿一直在床前伺候。那是一个中年人，据说还是一个什么领导，在床前嘘寒问暖。手术后的第一晚是他守候的，换那老妻回去休息。老者的儿子要去美国留学，据说是科技大学的高才生，被破格录取硕博连读。儿子来过，是一个二十来岁稚气未脱的毛头小子，原本是指望不上事的，他母亲大概是想他多些时间和父亲在一起。手术第二天晚上派他守护父亲，他比想象中表现得好。

母亲由于曾经的水泡，伤口长得不好，医生怕化脓不让出院。每天要对肿胀的脚多次热敷，还有辅助的锻炼。每次最熬人的是换药，母亲每换一次药都会痛得哀嚎。我晕血，每次换药都是妹妹端着她的腿。我则躲得老远，一看到血，别人还未怎样，我已经手软脚软得不能动弹。我们就这样打针、换药、排痰、按摩，又过了两周才被允许出院。

母亲在医院的日子，我体会了张洁在医院陪伴母亲的所有，我学会了护工所有要干的活计，深刻体会了病人的痛苦和照顾病人的辛劳。母亲现在已经出院，并且在我们的威逼利诱下勉强可以自己上洗手间了，这对我们是莫大的解放，她也恢复了自尊和自信。

当我写到此刻，我深深地感恩母亲，她的病痛带给我的是让家人更加紧密团结。我也深深地祈愿父母可以常伴左右，让我承欢膝下，可以有缘相守到天长地久。

祖母的生祭

晚饭后，走在回工作室的路上，街市已经华灯初上。城市的夜空被灯光染得昏黄一片，行走间，想起母亲。

母亲因为思念她的小外孙，已经在两天前去了妹妹家。在大病初愈的父亲和外孙之间，她更多地偏向外孙。人心向幼在母亲身上尤为突出。平日里怕她护短，总是控制她探访孙儿的时间。现在小孩子放假，她仿佛是获准了特赦令，迫不及待地去了。担心她照顾父亲时辛苦，致电问候。电话那端总是没有人听，一边电话一边下意识地抬头看天。

已经两个多月没有雨雪，干燥的空气中，弥漫着躁动的分子和污浊的病菌。据说有很多人患上了呼吸系统疾病，一向身体孱弱的母亲更加让我担心。空中的月亮又大又圆，看来明日依然和雨雪无缘。想到那些干涸的庄稼，心中隐隐有些焦躁不安。好容易有人接电话了，妹妹说她们在家翁家里，因为家翁的寿诞。后面的话已经听不进去，草草问了母亲的情况就收线了。

自骂了一句，该死，我竟然忘记了，今日腊月十五，也是祖母的生祭。

快步赶回佛堂，恭恭敬敬地在佛前上了炷香，规规矩矩地礼佛，希望往生净土的祖母一切安好。幸好佛前有一早供好的橘子和百合花，两样恰好都是祖母喜欢的，祈请祖母原谅我这个不肖子孙。

祖母名李福兰，汉阴人氏，实寿九十，是人们常说的有福人，一生享过大福，受过大苦。最终寿终正寝，安详而去。

祖母少年时家有资财，加上有个较为开通的父亲，有幸读过一些书，算是个小家碧玉。因为念书认识了身为富家公子的祖父，及笄之年嫁入豪门，随夫来到西安，再少回去，这一直是她的一大遗憾。每每想到此处，她都唏嘘不已。

婚后的生活并不似憧憬的那般美好。对于人丁不旺的富裕人家，添丁进口是头等大事。然祖母的命运偏偏被“财大伤子”俚语击中，祖母在年轻时生养过四个孩子，都没能成活下来。抗战期间，家道中落。祖母听别人的话，还认养了干儿子，加上她平日里烧香拜佛，乐善好施，终于在抗战中有了父亲，随后还有一个女儿和两个儿子。老年时候的祖母会在每个孩子生日时煮一个鸡蛋给他，这个传统一直延续到她往生。

幼年的我体弱多病，母亲的身体一向孱弱，还要上班。因此我的幼年和少年时代几乎都是和祖父母一起度过的。祖父是一个读书人，一生都保持着读书人的体面和尊严，不论到什么时候，衣衫都保持着洁净和挺括，几乎所有的衣服都要浆过才肯穿。

在生活方面，祖母就比祖父在行得多，也更加容易适应。这大概得益于她的家庭。据说她开过茶馆，腌过酱菜，做过腊味……为了生计，在艰涩的生活中，她毅然挑起了家中的重担。尤其在祖父病后，一家的生活用度全由她一个人支应调度，竟将一家老小的生活安排得妥妥帖帖。在最困难的日子里，家中也没有人因为饿肚子而出什么毛病。在艰难度日的当下，还不忘救助孤老，她曾经救助过的一个苦孩子，在八十年代初大富大贵后，专门回国将祖母和他的母亲一起接到香港，享受过当时最为昂贵的跪式服务。据说祖母在港的雍容仪态让众人咂舌，毕竟祖母是见过大场面的人。别人问及，她从不肯多言，只是在晚年偶然跟我提起，也是淡淡地一说。自从恢复宗教政策后，每每初一十五，祖母一定上庙，除了礼佛，就是看看庙里的师父们，看还有什么缺少的。那时我最开心的就是和祖母上庙，可以吃到好多水果和点心，佛缘大概就是从那时结下的。在物质极为匮乏的年月，我时常在睡梦中被祖母叫醒，她会从柜子中将供佛的水果、点心给我一两个吃，直到现在，我子夜爱找东西吃的毛病大概就是那时养成的。

祖父从不肯上庙，总是在家中礼佛。但是祖母安排给寺院的供养，不拘多少，祖父从不曾干涉。

我有幸在两位老菩萨身边成长，言传身教，也亦步亦趋地追随他们的脚步，兜了一个大圈后，一路回来。祖父母往生时刻都放心不下我这个长孙，我今日在佛前告慰他们二老，孙儿一切均好，已经回归佛陀的怀抱，他日重逢再续前缘。

孝亲节出行

“清明时节雨纷纷，路上行人欲断魂。借问酒家何处有？牧童遥指杏花村。”这千古绝句，不知道已被多少人吟诵。

清明节是中国最重要的传统节日之一。它不仅是人们祭奠祖先、缅怀先人的节日，也是中华民族认祖归宗的纽带，更是一个远足踏青、亲近自然、催护新生的春季仪式。

借着清明假期，相约带父母去踏青远足。这世上只有两件事不能等，其中一件就是堂前尽孝。感恩父母不能等到他们百年之后，我幸好双亲健在，可以有机会略尽孝心。

父亲生于汉中，因此父亲的名字中有个“汉”字。古人说“财大伤子，官大伤妻”，家族不幸被这个谶语言中。在父亲幼年时，家族一直被人丁不旺的阴霾笼罩。父亲的几位哥哥相继辞世，让奶奶心灵受到巨大的冲击，奶奶信佛大概也是从那时开始的。有人告诉奶奶只有认养一个人丁兴旺人家的孩子，才有助于家族的人脉，奶奶不仅认养了义子，还广施赈济。父亲出生前，奶奶回到汉中娘家，为的是平常人家孩子好养活。父亲虽然生在汉中，但是从未回去过。幼年因为身份尊贵没有机会回去，稍大一些家中变故，不忍拖累亲戚，更是不敢回去，这一拖就拖过了一个甲子。

自从父亲去冬痛风后，几乎没有怎么出过门，只是在家附近转转。这次带着父母去陕南走了一圈，父母十分高兴。

第一站是汉中，在汉中的人民饭店下榻，父亲休息得非常好，第二天他感慨地说，终于有回家的感觉。那天他吃得香甜，睡得安稳。在汉台前，父亲仔细注视着那个“汉”字，那一个字已经融进他的血液之中。在汉台的铁牛前，同行的牛爸聊发少年狂，骑在铁牛身上，开心地笑了。

第二天我们游了南湖，在南湖上，父亲母亲，还有同行的牛爸牛妈非常开心，一路讲着尘封已久的前尘往事，沉浸其中，他们开心地露出孩子般的微笑。在揽月楼上惊奇地发现，牛爸牛妈和母亲的名字竟然都有一个“秀”字，老人们在锦绣山河中乐山乐水。

下午赶到了著名的号称“陕南第一汤”的温泉镇，我们在油菜花掩映的农舍小院入住。院子幽深，如海的花丛中有一片小树林，在路上是绝看不到的，房前院后都是陕南特有的水杉树，房子的左边是清澈的汉江支流，右边是如海的油菜花。刚一到，我们就迫不及待地扑进花的世界，让油菜花浓郁的芬芳涨满我们的每一个细胞，在温泉中洗礼过后，在舒适的农家小院中享受我们的田园晚餐。不晓得多久没有在露天吃饭了，也或许是洗澡洗得劳乏了，每个人都吃得十分香甜。

第三天的清晨，每个人都起得很早，不忍心辜负这漫天黄花，我们一行在清晨踏着朝露，向花海深处走去，一路上牛爸和母亲教我们认路边的野菜和药材。

定军山上，我们走栈道，跨浮桥。山上除了一丛丛的巨大木变石化石外，大都是人工种植的低矮植物，连山体本身的遮体都困难，更别说藏身了。在山顶眺望，绵延不绝的青山绿水，不晓得当年的诸葛先生看到该作何感想，只是青山依旧在，几度夕阳红。

晚上终于赶到了此行的最后一站——万山茶基地。基地外是黄沙蔽日的高速公路施工地，基地里面是世外桃源般清幽爽洁。因为提前打过招呼，主人热情地款待了我们，夫人为喜食面食的老人家做了顿可口的饭菜，以至于大家都不小心吃多了。为帮助消化，饭后我们在皎洁的月光下散步。月亮没有了灯光的打扰，显得特别明亮，走在清幽的院子里，如同走在街心花园中，丝毫不觉得昏暗。影子一路随行，我们谈着熟悉的人和事，自在惬意，很晚都不忍心回房休息。

第四天的清晨，在各种鸟鸣声中被自然叫醒。我在树林边上看太阳冉冉升起，走到自然森林的深处，捡拾松塔；在陡峭的崖壁上采摘野菜；在万山的普贤山庄，听老和尚给我们讲寺院的历史；在寺院的遗址上，面对莲花状的群山，遥想隋唐时期的辉煌。

四天时间不长不短，恰到好处。让年迈的双亲们放松了身心，愉悦了心情。此行最有收获的是牛爸，他在南湖的边上，挖了一颗香樟树苗，为了树苗的生存，他老人家一路想了不少办法，一路辛苦地将树苗带回，还和父亲约定，再帮父亲培育一棵。

今日整理照片，仿佛自己又游览了一番，游历中的点点滴滴再度涌上心头。暗暗发愿：有机会要时常带父母出游，感受自然，报效亲恩。

做一个孝顺的子女

前几天看电视，有一行滚动的字幕引起我的注意：“省孝子评选已拉开序幕。”现在孝子可以作秀评选，我不知道该击掌欢呼还是该扼腕叹息。

《好了歌》中疯道人的最后一句“痴心父母古来多，孝顺儿孙谁见了”，一遍遍在我耳边回荡。痴心的父母遍布天下，孝顺的儿女却凤毛麟角。包括我在内，也是有心无力。

我的一个朋友，前几年突然得了出血热。发病时先生在外地，是她的父母衣不解带地照顾她。她七十多岁的老父亲，用弯曲的脊梁每天背着她数次往来于各个化验室、洗手间、治疗室。她的老父亲在她病愈出院两个月后，因突发脑溢血，撒手人寰。每每想到这，朋友总是涕泪滂沱，子欲养而亲不待的悲哀是她这一生都无法弥补的伤痛。

几年没有见面的朋友，最近听说从俄罗斯回来了。朋友聚会才知道，朋友在自己事业的巅峰时刻，因为有儿初长成，要去俄罗斯留学，作为母亲，甘愿放下辉煌的事业，做一个家庭主妇，去异国他乡为读书的娇儿打理生活。在朋友圈中，这样的父母比比皆是。回过头来，和这些孩子沟通竟是愕然，他们个个高举自由民主的大旗，一副冤枉委屈的模样，实在让我为朋友唏嘘不已。

上周财政吃紧，问朋友借的钱需要还，我自己的资金一时没有到位，无奈向父母求援。父母没有二话，将积蓄拿出帮我应急。父亲拿钱来的那天，我因为做雕塑去了工作室，下午回来，看到家里一切如故，以为父亲没有来过。临出门发现餐桌上有一个小字条，一切了然。父亲为了不给我添麻烦，放下钱，来了又走了。在三十多度的暑天，一个七旬老人……我怎么也不能自抑夺眶而出的眼泪，任由那热流灼烧我的脸庞。

父亲对我的教育从小就只有几个字：应做的就去做。每每我跟父亲提出要求时，他总是问想好没有，想好了做就是，从不像别家父母那样指手画脚，生怕我受丝毫委屈。在我幼年时，由于和祖父母一起生活得太久，时常觉得父母不喜欢我，为此在中学时代曾经和父亲两个月不说话。二〇〇三年为了一件自以为是的事情，几乎和父亲一年无言。前几年事业的巨大失败，让我无法面对，逃遁到欧洲，原打算再也不要回来的我，在父母的真情呼唤下，一步步回来。

自以为对父母算是孝顺的，每每过节给父母一些小钱、买一些零碎，丢给父母，像是完成了多大的功绩，其实我的孝顺仅停留在表面。仔细回想，这许多年忙于自己的事情，竟从来没有认真倾听过他们的唠叨，仿佛自己在做天大的事情。对父母已经没有孩童时的仰望，总是对他们的建议不屑一顾，觉得他们的经验之谈已然过时。

一日听经，师父讲："年轻的父母是篮球，被小儿小女抢夺；老年的父母是排球，被推来推去；年老有病的父母简直就是足球，一脚被踢过中场。"我倒是愿意父母跟着我的，然而我每天忙得在家和他们说不上十句话，如果他们来，除了家务和饭食，没有旁的内容。父母因这里没有熟悉的环境，加上对我过于忙碌的疼惜，不忍目睹我的疲惫，住了一阵就走了。人走了，心却留下了。时常会打电话嘘寒问暖，提醒我按时吃饭，注意营养等。养女如我，想必父母是伤透了脑筋，几十岁的人了还是让父母有操不尽的心。

最近在做观音菩萨像，每每站在观音面前，就想到静一师姐结缘的《妈妈是观世音》一书。昨日将书从架上请下，细细读来，竟读得战战兢兢，如临深渊，如履薄冰，无所适从。羞愧得夜不能寐，发现自己无颜面对日益老去的父母，细思量，心中再不敢自诩有孝养之心。自己做的于父母做的，百万分难及其一，父母尚在，福田尚存，抓住这最后的机会，努力做一个孝顺子女。

朋友如茶

央视的朋友前段时间打电话给我，说他争取到了在西安拍片子的机会，要来看我。我被电话中的热情感染了，朋友问我带什么礼物，看到一室的阳光，我就说，将您灿烂的微笑带给我就可以了。

前天的风雨中，再度接到阳光灿烂的声音，说他已经到了，问我有没有空。当然了，有朋自远方来，不亦乐乎？我一定有空。抓起外套冲进雨雾中。

朋友比两年前胖了些，是央视海外频道的摄像师，拍过不少作品，擅长文艺类节目。我们初识是在多年前的北京王府井。一个热心的北京女孩，和我聊民间工艺时说到他。那年的春节晚会，海外台的一期节目是在他家拍的。朋友约了他来，初见时彼此拘谨，谈到民间工艺后发现，我们俩竟然有很多共同的朋友、共同的兴趣，全然没有了生疏感，倒是陪同的朋友插不上话，在边上急得直打岔。

晚饭后我们一同去看他的藏品，件件都可以说出一堆的故事，同行的朋友借我的光，讨得两件。朋友要送我，我不肯要。君子不夺人所爱，我坚持不肯要，从此我们就成了好朋友。后来他们台要采访我，他抢下这活儿，我们又因为拍片子有了更多的接触。我的片子播出的同时，他也将片子刻录给我寄来，就这样，因着共同的爱好，我们一直保持着联系。

无论我什么时候去，只要一个电话，朋友定然在最短的时间来看我。前年在北京国贸展览，更是托朋友的福，一路帮我布展、拍片。如今我的注意力更多关注宗教和本土文化这块，很少去北京，这一晃我们两年多没有见面，尽管网络时有联络，还是不能尽兴。

和朋友同来的编导是回民，我带了他们去鼓楼美食街，朋友的同事眼睛发直，太开心有这么多好吃的。我们一路走一路吃，每家只敢吃一点，不到街市走完就已经吃得走不动了。

朋友说这是第四次来西安，以前每次都有工作，吃的都是哪里都可以吃到的大餐，唯有这次我带他吃得最开心。趁还没有开工，我们那天在雨夜的古城流连到很晚，每一个人都很尽兴。朋友说我两年前在北京给他做的卤肉汁，在他的朋友圈中广受好评，带给他很多乐趣。

分别时，朋友恋恋不舍，没有办法，我们在这个社会上有不同的角色，彼此只是生活中的哈雷彗星，闪耀却很短暂。他有他的生活，我有我的生活，我们之间的友情如那杯陈年的普洱茶，丝丝滑滑的，透过味蕾，滑入肚腹，是温暖的妥帖。寒冷了，沏一杯，在手中玩味，观汤色，品茶香，徐徐咽下，温热的妥帖一点点晕延开去，扫除阴冷，周身的每一个毛孔都透出温暖。

朋友如兰

时间已经进入年三十，一缕淡淡的幽香，让我无法安睡，索性披衣将过去的几个小时咀嚼一番。

幽香来自于床头的那朵紫罗兰，下午一个师姐来水滴学堂取助印的善书，带来了一束紫罗兰。其中一朵不小心被我弄掉，不忍辜负它的幽香，将它置于床头，伴我夜读。它的兄弟姐妹已经在佛堂中陪伴诸佛菩萨。

师姐多年来一直是一个时髦的“白骨精”（白领、骨干、精英），供职在这个城市最奢华的地方。也许是看惯了纸醉金迷、挥金如土，看遍了这世上的起起落落，她一直保持着睿智的头脑和平常的心态，出得厅堂，入得厨房，相夫教子，实在是难得。

如同她今日送来的这束紫罗兰，淡雅清新，幽香四溢，这是值得长久交往的朋友。一直她都不肯来，说是怕打扰我工作。其实她哪里知道，她的打扰对我何尝不是受益？从她那里可以获取营养，和智者对话，是心灵的享受。

中午接待了一位我一直高山仰止的智者，阴差阳错让我们彼此误会了近一年。我给他的信一直在他遗弃的一个邮箱，一年来我总是担心他忙而不忍打扰，只是写信，但总是石沉大海。今日他说是来平反的，一个多小时的谈话，如同参禅，妙语如珠，诙谐幽默。不觉到了分别的时刻，大家还觉得意犹未尽，相约再次“斗牛”，地点约在周公庙博物馆，要求我携琴访友。相信一定会是一个值得期待的“文斗”。

朋友紫君从早上就打来电话，说要为我送春联，一直等到“新闻联播”才到。带上她今年上大学的儿子，我们一同吃了晚饭，算是今年的聚会吧。

认识紫君时，我大学还没有毕业，在实习。她的儿子那时只有一岁大点，她整天带在自行车的后座上。那时孩子像粉团一样可爱，我时常跑去逗他，如今已然是一个大小伙子了，他小时候的样子还清晰如昨，他噘嘴给我念英语的模样还历历在目。二十年弹指一挥间，那孩子还记得在我的蜗居做客，玩得太疯，竟然尿到沙发上的羞事。昏黄的灯下，那个围着煤炉烤火、烤褥子的情景，今日想来是那样的温馨，竟有无限的追忆。

今日和师姐还说起，每到这个时候，家家都围坐在炉前，夜话多时。为了增加湿度，那时总是在火上坐一个大铝壶，任那壶水“嗖嗖”地冒着热气，在氤氲的雾气中，有一搭没一搭地闲话家常，小女孩家总是思忖着明日的新衣，怎么可以讨一个好彩头，在小朋友们中间出众一下。现在的孩子对新衣已经不似我们那样期盼，大概只有不断上涨的压岁钱可以让他们欢愉片刻。

今日两度谈到家父，儿时是他教养我，家中严父慈母很分明，我是乖巧的女儿，学习不用父母多说。因为要弹琴，总是父亲在捣鼓他的示波器（今天的电视），我坐在边上弹琴，只要思想一抛锚，弹错一个音符，定然会被父亲狠狠地瞪上一眼，那一眼一定会让我跑到爪哇国的心思乖乖地回归元神。现如今是我管父亲，我俨然是一个家长，他一不听话跑得让我找不见人，必定挨我一顿嗔怪。

自从这次父亲痛风后，他可以走动的范围小了许多。偶尔多走一些路就会脚痛，现在我请教医生后给他的保健药或者茶，都基本上能够按时吃。偶尔犯点小错误，被我“歪”（数落）了后，总是低头不语，一副无辜的可怜样子，时常让我心疼。这还是那个让我敬畏的父亲吗？什么时候父亲已经这样衰老，这样无助？我还怎么忍心再“歪”他？现在每每忍不住“歪”了他后，我都会主动写一条道歉短信给他，他时常大度地对我挥挥手，说他不在意。

今天和紫君分享这些时，她一直在听，没有打断我。她说她很羡慕我，那个世上最疼她的父亲已经离开她很久了。

她说我就像她的一个亲人，这许多年来，她已经习惯了有我在身边。尽管我们一年见面不过一两次，她说就算再忙，每年年底都会给我送来春联和一幅字画。她说，如果不送来她会自责。

今年她为我写了“坐禅悟道”，问有没有送到我心上，我说有，她竟然雀跃。她就像我生活中的一道彩虹，尽管不常见到，却总是在我不经意的时候出现。近二十年来，我们一直保持联络。不管在什么情况下，她都是一如既往对我。顺境时没有过分的热情，逆境时也从来没有冷落。平平淡淡一路走来，还会这样自然轻松地走下去，也许就这样一辈子走下去。

今日有这几位好友在一起闲话家常，难得闲适，难得畅快，有朋如此，夫复何求。

“国子监”的朋友

才俊师兄从京城归来，带来一些好消息。在京期间他和我的朋友见了面，昨日接到电话，说他们正在中国最高学术机构的“探花”吃饭，听得我一头雾水，不知所云。今天见了面才知道，他们是在中国社会科学院里的一个叫探花的包房吃饭，那相当于是古代的国子监。

“国子监”的朋友对我的朋友颇为热情，因为大家年龄相仿，又有共同的朋友，想来交流应该是顺畅的。才俊师兄与“国子监”的朋友颇为相得，评价很高，一说对方深沉老练。一说对方挺有内涵。看来是惺惺相惜。

几天前在和几个记者吃饭时，还听到过这位朋友的事迹，当时虽然没有说破，但心里还是很为这位密友感到骄傲和自豪。他穿梭在国际间，化解了一次严重的国际宗教争端，可说是功德一件。相信能够为家乡做一点事，他有理由感到自豪。

才俊师兄在京期间，恰逢中国留学基金委通知这位朋友，他的研修地从瑞士变更到了法国，不日将开始为期一年的访问学者生活。昨日这位朋友也在电话中告诉了我，问我要不要去，原先我们约定，他去瑞士后，我可以抽空去看他。现在改去法国，我想我大概去不了了，法国我去过，而且走遍了法国的南北。除了巴黎的卢浮宫，其他的好像没有什么吸引力。为了不让朋友失望，我还是告诉他说随缘，如果有因缘我会去。希望他不会很失望。

认识这位朋友是在几年前的意大利米兰，那时他是中国驻意大利留学生的学生领袖，在意大利的华人中很有些知名度。我是因为展览去马契夫，在展览期间，一个在意大利的姐姐天天来找我，希望我可以留在那里，共同开创一个事业。即将离开的前夜，我受邀请参加一个宴会，宴会结束已经近十点。

从赴宴的米兰市中心到我住的五星级酒店，打的士大约需要一百五十多欧元，算算人民币对欧元的汇率，我不忍心坐的士。原本朋友说在附近的旅馆给我开间房，也不过三五十欧元。因为我赴宴时没有和同屋的朋友说，在异国他乡，不想让朋友担心，我还是决定回我住的酒店。就是这位朋友，自告奋勇地要求送我回酒店。

一顿纯正的意大利美食和着意大利上好的葡萄美酒下肚，有些微醺。走在米兰略有些清冷的街头，看见一弯新月如钩，明朗的星空下，是洁净的苍穹。米兰的市中心竟然有这样大的一片森林，真让我这个从拥挤的人群中来的人不能够理解。在森林中信步走着，有一搭没一搭地聊着，从酒店带出来的地图显示，从我吃饭的地方回到住的酒店，几乎是要穿过米兰。住的地方在米兰的西南部，属于高尚区，吃饭在市中心，靠近东北。我初来乍到，对距离还基本没有什么概念。最糟糕的是我发现意大利人，不论老幼，对他们讲英语等于对牛弹琴，他们都是对你报以友好的微笑，对一些问题的回复都是不置可否。想着回去的事就要交给这个人了，心里多少有些不安，没有了看风景的心情。

穿过市中心的森林，这位朋友开始带我到处寻找着什么，细问才知道，欧洲的公交车都不买票，怕贪污。一般买票都在报亭等处，一张售价一欧元的票，可以在七十分钟之内，乘坐任何公共交通工具。十点多，所有的报亭都关门了。他告诉我，只有先坐车去地铁站，地铁站有自动售票机。没有票，我们上了一辆开往中央火车站地铁站的有轨电车，车上只有三个人，车是类似三十年代旧上海的木头汽车，很有意思。上了车，这位朋友才说，欧洲对我们亚洲人不大信任，对我们国人不够友好，称我们为黄祸。尤其是浙江的鞋业老板，竟将工人弄去，住在地下室，拼命制作廉价的皮鞋。

国人制作的鞋子，由于在当地制作没有运输成本，工人又都是从国内跑去的，不懂语言，每天除了干活和睡觉外，没有其他事，所以工人每天工作十六小时左右。用料比较便宜，加上款式不用设计，抄袭就可以，所以鞋子很便宜，一双鞋子也就十五欧元左右，使有着几百年历史的欧洲传统手工业受到很大的冲击，很多手工制鞋公司纷纷倒闭。传统手工制鞋业，用料考究，做工精良，一双鞋子大约要二百六十欧元以上，没有竞争的可能。只有少数几个生产奢侈品的手工工坊还在艰难地维持着。果然在我回国不久，巴黎爆发了针对我们国人的严重骚乱。欧洲人为发泄他们的不满，砸商店，烧库房，一度关系紧张到极限。后来由双方政府出面，问题才得以解决。

意大利人常常在车上查亚洲人的票，如果发现没有票，就会在护照上盖上没有诚信。闻知惊骇，心里惴惴。手中的欧元硬币都捏得有些出汗了。看我紧张，他又来安慰我，说也不是每天都检查，偶尔检查而已。从没有干过此类逃票事情的我，惶恐地不知如何是好。心里不断地祈祷着，不要有那样难堪的局面出现。

到了地铁站，夸张的是，地铁站的自动售票机坏掉了。地铁站人很少，看地铁的一个高大的法国半大老头，很可爱地看着我们，之后他对这位朋友说，他原谅我，让我上地铁。我对他感激地笑笑，不知道该如何表示。突然想到刚学会的意大利语“桥噢”（桥噢，当时是意大利的时髦语，有“你好”“谢谢”“再见”等意思，反正我见到意大利人整天“桥噢”个没完），我就对胖老头“桥噢”了一下，谁知他却向我伸出了毛茸茸的手，手臂上的黄毛，在昏暗的地铁灯光下，有些发褐色，让我的鸡皮疙瘩抖落了一地。

这位朋友道了谢，我们上了红色地铁。中间又倒了两次地铁。在绿色地铁中，碰到一群棕色皮肤的人，看着感觉像是流浪汉。在刚去时就听说，在意大利白人不可怕，黑人也不可怕，最可怕的是半黑不白的人。一方面没有买票，心里正七上八下，再碰到这样一群人，真是吓得我手脚冰凉。当这些人在地铁中向我们走来时，这位朋友挺身将我护在身后说："别怕，我会跆拳道。"我当时心一下子温热起来。而今，这句话成了我们之间的一句玩笑。是呀，那时如果对方想加害我们，会跆拳道有什么用，架不住人家人多，或者人家有武器。反正当时我感觉他也许会像成龙或是李连杰一样，用中国功夫保护我。

在倒了两班公交后我们终于到达酒店，当我从车上下来，远远看到酒店的徽标时，一路悬着的心才放回去，也有了聊天的兴致，问了他在意大利的学习情况，才知道他的博士还有八个月毕业。

回到酒店已经子夜，由于时差原因，同行的朋友都在酒店的大堂等我。一次有些刺激和浪漫的旅程结束了，一个绵长的友情之旅开始了。

二〇〇六年的农历大年初一，我刚从父母家回来，就接到"国子监"朋友的电话，絮絮叨叨地聊了近四个小时，我竟不知道他已经回国，他提前五个月完成学业，提前回国了。之后的一年多时间，我们时有见面，有时我上京城，有时他来古城。一路走来，才知道他实在是现代学者型的人才，而且是我辈中的翘楚，念大学时就是北大的"三剑客"之一，优秀自不必说。现在更是硕果累累，去年就有多部专著出版。精通英语、意大利语、法语等，在他面前，我时常觉得自己孤陋寡闻。也许是太过熟稔了，有时嘴上不饶人，经常对他不屑一顾。去年在京期间，为他在杂志的专栏改名为"留言费语"，取自他的姓氏的谐音，加上他文章的内容。不想当日的一句戏言，竟成就了一个栏目，多少有些得意。

今天知道他又将远游，多多少少有些挂碍，希望他一路顺利。以往虽然不是常常见面，一年之中再忙也会见个几次，这一走，大约又要一年不得见了。

我们是一对相见不如怀念的朋友，不见时想念，见面不到三小时，就开始干仗，我不服气他，他也说服不了我。好在，距离产生美，一千多里地，说近不近，说远不远。想念了一个电话，烦了几个字的短信，有兴致了网络视频，随时可以见面。我们生在这个网络世界，可以天涯若比邻，无论身处何方，思念了抽个空，彼此真诚地相互关怀一下。世界上一切事都是靠因缘和合而存在，缘聚则聚，缘灭则散．有缘为友，当惜缘。

有朋自远方来

朋友从首都来，因为有工作，第三天才联络我。当时我恰好在忙，手机是静音状态，结束后发现手机上有七个未接电话和一长串的问号。正在看时，电话再次闪动，接听到朋友焦灼的声音，有嗔怪，还有怜惜，尽管有旁人在侧，还是感到忍不住的温暖和甜蜜。

原本已经疲惫不堪的我，还是快速将电脑等放回工作室，搭上来接我的车，跑去会见朋友。今日初一，是我持戒断食之日，事先声明，请朋友谅解，我只作壁上观，去只是为叙旧而已。

和朋友相识已经有十年之久，相隔千里，一年也难得见面一两次。朋友身居要职，时常身不由己。关中倒是常来，只是时常带着任务，来去匆匆。经常是要走时才匆忙通一次电话。上一次见面大概是两年前。电话那头的声音亲切却有些陌生，怎么也不能够将心中的人和现实中的人重叠。心里痒痒的，揣度着朋友的变化。赶到时朋友还没有到，我被安排在主宾位置上，是因为朋友抬举，也是因为这帮相交十余年的朋友这几年极少见面之故。

朋友来到，依然是英气逼人。一米八三的体魄，站在我面前伟岸得让我有些压力，黝黑的皮肤、雪白的牙齿和迷人的酒窝，一下就消除了曾经的距离感。

行伍出身的朋友，依然带着他特有的顽劣调侃神态，嬉笑怒骂，完全没有正常工作中的严肃和威仪。一大圈十余年的朋友，似多年前那样说话，笑闹。这几年和朋友们的见面极少，朋友对我的牵挂，时常透过其他朋友传递过来。生我者父母，成我者朋友，亲附善友，如雾露中行，虽不湿衣，时有润泽。

我因为持戒，不食也丝毫不影响我们的交流。这几年虽鲜有会面，但信息是畅通的，我们知道彼此，不需要更多的语言，只要一同坐坐，隔席观望已经足够。朋友之间如同钢轨，时而相交，时而远离，更多的时候是一起走的平行线，彼此相忘于江湖。还有两日便是朋友的生日，我带了礼物给朋友，他很开心。

多年来，不需要太多的语言，不需要朝朝暮暮，想起来了一个信息，想不起来也没有关系，节日里的一个问候让我们彼此牵挂，已经足够。

席间朋友突然说要为我献歌一首，不忍扫了大家的兴致，一起去K歌，几年没有步入这种场合的我，一同前往。朋友深情的歌声具有强烈的穿透力，一如十多年前我们初次见面。时光如梭，转眼已经过去十年了，物是人非事事休，不变的是彼此的牵挂。

平

认识平是在十五年前的夏天，那时只觉得他是一个电工，个儿不高，话不多，有一兄一妹，和我的一个小姐妹是邻居。

随着时间的流逝，对他有了更深的了解。知道他是一个工厂的厂长，做配电柜的。配电柜多用于整栋大楼的送电核心，对我这样一个电盲来说，他的工作神秘而新奇。初中学习物理左旋定理和右旋定理时，班里换了物理老师，我也仿佛被换了大脑，一下子对物理短路，即使我化学成绩优秀，也不得不放弃理科，改学文科，我为此懊悔了很长时间。也许是缺什么，就对什么格外珍视吧，对电的敬畏让我对平有了一种崇敬。

和平交往了十多年，总是平平淡淡，一如他的名字。平时很少见面，偶尔通通电话，互相问声安。他就是平常想不起的那一类朋友，只有当家里的电出了问题才会想到他。在认识平的这十多年里，我共搬家四次，每次都要麻烦他来帮忙。

二〇〇三年的冬季，我由于怕冷，搬到了一个集中供暖的小区。我一直认为自己是个独立而坚强的人，平时能不给别人添麻烦就不麻烦别人。搬家请的搬家公司，搬完家是下午三点半，看着一屋子东西，我开始动手整理，不知不觉已天色灰暗，由于人地生疏，只能在小区门口的小吃店匆忙吃一点东西，再回去收拾。

拖着疲惫的身躯回到家时才发现，新房子里没有窗帘。匆忙上阵，爬高上低地安窗帘。一干活才发现缺东少西，什么都找不到。好容易找到一块出游时捡回来的顽石，在付出受伤的代价后，勉强将窗帘挂上了。在挂卧室的窗帘时，刚钉了一个钉子，门就被拍打得山响。正纳闷是不是在敲我的门时，恶语就已经传来。

开开门来，看见一个面目狰狞的妇人，我的笑脸还没有来得及荡漾，就被一连串恶毒的咒骂给冻僵了。反应迟钝的我，好半天才听明白，由于我钉钉子吵到了贵妇的狗狗，她是为狗出头的。搬家第一天，碰上这样的事真够无语。孟母可以三迁，我不能马上再迁，只有忍一时风平浪静。看着一地的东西，我只好收拾准备休息。卧室没有窗帘，没法睡，只好在书房临时安置。我有卧榻读书的习惯，晚上临睡前不读几页书是断不能入睡的。找到一盏台灯，往墙上一插，“嘭”，整个屋子陷入黑暗！

上帝呀，佛祖呀，我还没有来得及洗漱，对房间一点儿不熟悉，根本不知整个房子的电源开关在哪里。慌乱中，摸索了很久，才找到电话。冲动中想找人，一下子就想到懂电的平，但是看着屏幕上显示的时间是子夜时分，我放弃了求救的希望。

我小心地开了门，到楼道中寻找空开，找遍了楼层，也没有找到空开的开关。我蜷缩着身体，坐在我的临时床铺上，心掉进了寒冷的冰窟，平生第一次体会到了寒夜的深邃悠远。

这十几年，不论我搬到哪个角落，只要我家的电出了问题，只要我一个电话，平总是无怨无悔、任劳任怨地为我修理。仔细回想这么多年，我没有给过平丝毫的帮助。很惭愧，我总是要求他这样那样，却没有关心过他。总是他在过了许久以后，想起我，打电话问候我。回想他十多年前给我修理电器时，在我家连一杯水都不喝。后来有了矿泉水，他再来修电时，总是带一瓶水。再后来时兴用保温杯，他就自己带了杯子来。

现在想来，自己真的是羞愧万分，对平，我就像一个贪婪自私的人，厚颜无耻地只知道攫取。

拿什么来报答你，我的朋友。我只是个平凡又平凡的小女人，别无长物，设计过一款名为“魅影”的琉璃饰品，是专门献给平的，他就像是我生命中的魅影，在我需要光亮时，在我的生命中划过一抹亮蓝。谢谢你，我亲爱的朋友。

左脚

中午正准备回去午餐时，接到了左脚的电话，她说想念我，要来看我，给我带来了好喝的茶。我自然欢喜地说："我会等你。"她说："不必，按照你的安排，我该到就到了。"她当时离我很远，加上道路不清，也就随她去了。

原本午后的休息自然是不能够了，最近帮助师父接待台湾、新加坡的法师和居士，着实有些疲乏。既然不能休息，就安排了些轻松的工作等她。

正式认识左脚是在二〇〇五年二月，此前我们彼此是听说过的，只是因缘不具，一直没有能够正式接触。春节时因为一些设计上的事情，我和一个朋友去了她在咸阳博物馆的工作室。当时工作室在一个厂房里。高大的厂房被隔出来一部分，很是空旷。冬天的北方寒冷异常，尽管生了炉子，工作室依旧是冷得人坐不住。左脚给我的第一印象是另类，瘦高的个子，颀长的脖子，脖子上戴着许多首饰，让我想起美洲的玛雅人。短小的小袄和肥大的萝卜裤，总让我觉得她像我少年时代跳舞的同学。她的圆筒娃娃和剪纸时装给我留下了深刻的印象。她和模特们在一起的照片刚好登在那日的报纸上，我多少有些倾慕。

二〇〇五年五月，我和左脚一同赴上海参加展览，之后江南的一番考察，一路行走了二十余天，对她有了深刻的了解。

在展览会上，一个做紫砂的陶艺师，分手时特意送我们一对紫砂的小佛脚，左脚是绿色的，右脚是红色的，每只脚上面都有一个蜘蛛，是"知足常乐，足智多谋"的意思。左脚略大些，右脚略小些。她年纪比我长几岁，因此尊她为左脚，我为右脚。这两只小佛脚分别被我们珍藏，到今天还是我们的接头暗记。自此我们彼此以脚丫昵称，这几年来我们一直相知相伴，用时下时髦的话来说，我们是闺蜜。

那时，左脚正经历人生的低谷，事业艰辛。我们一同走过的千山万水，路上不仅印着我们的脚印，也印着我们的友谊。左脚的吃苦耐劳让我们一次次走出疲惫的边缘，我们相互鼓励着，两个弱女子一路前行。

左脚天生路痴，到哪里全凭我安排。我也乘此机会温习了一把我大学的功课，每到一站，我会先行安排好下一站的行程。一路上我说歇就歇，我说走就走。一次，在陌生的城市，我们找不到吃饭的地方，又渴又饿。走进一家布匹店打问，看到柜台上放的花生瓜子，我们两个竟然不约而同地想讨来吃，可是我们的教养让我们禁声。出来后我俩不约而同地说出了这件事，相视大笑。那天晚上找到宾馆，我买了许多瓜子花生，但是我们却都不想吃，将那些零食一路带回了家。那次的旅程，虽然艰辛，却为我们的友谊奠定了坚实的基础。

回来后，我的事业发生了翻天覆地的变化。我从一个富人，骤然间变了。巨大的落差让我欲哭无泪，求告无门。在我面对巨大的打击茫然不知所措时，左脚叫我去了咸阳。那时她的工作室已经搬到了一个有暖气的房子里。我在那里住了几天后，决定远走他乡。她默默地陪伴在侧，没有过多的话，只说，想好了就去吧。

当我凄然地踏上飞往异国的飞机时，她说祝福我，记得有她在惦念着我。我说，千金散尽还复来，你是我这一年最大的收获。

二〇〇六年春节，我出口转内销后，再次小住在她的闺房中。我们足足说了两天两夜的话，彼此倾诉，惺惺相惜，一同买菜，一同做饭，一起哭，一起笑。她那时关闭了工作室赋闲在家，教我品茶，赏玩一件件她珍藏的小工艺品。我们一同画画，说着我在法国碰到的那位蒙马特高地上的中国姐姐（一个七十多岁的中国女画家，五十岁出国，凭自己的刻苦、毅力，获得蒙马特路边画家的执照，是唯一一个可以出入卢浮宫临摹历代名画的中国女画家，一生为艺术献身），相约当我们老了，两个人穿上风衣，戴上帽子，拄上拐棍，相互搀扶着去野外写生。

咚咚咚，有韵律的敲门声打断了我的回忆，左脚如约而至。因为穿了高跟鞋，她显得更加高了。进门就给我泡她带来的茶。

我们一边闲聊，她一边精心泡茶。三杯下肚，她说明了此行的来意：她要我做她遗嘱的执行监督人。惊愕的我半天回不过神，以为耳朵出了毛病。

仔细审视她，态度安闲自若，相信她没有开玩笑，也只有她可以作出这样惊世骇俗的决定。

她说我给她的书她都读过，还读了许多圣严法师的书，很多书看得很慢。每天基本上凌晨两点前没有休息过，认真地在读书，非常欢喜。她今年的生日恰逢观音菩萨的出家日。她好想在这天皈依，经历了这么多，突然好像悟到了些什么。

她和她的先生讲，不被理解。她说生死的事情只有自己可以做主，她想在百年之后，无论是正常死亡还是非正常死亡，都要将身体所有有利用价值的器官捐赠给有需要的人。她学过医，她不要将她的身体送去解剖。她说她爱美一生，器官拿走，皮囊烧掉就可以了。

她的话音不高，可字字句句都如洪钟震彻心灵。她说她已经在咨询律师，办理相关的法律文件，希望我不要推脱。我不知道该说什么，默然地接受了。我说我可不能答应你，因为生命的无常，也说不定我会走在你前面。如果我有幸在你往生时健在，我一定监督完成你的心愿。

送她走后，面对一池碧水，我看到感天动地的庄严。

大霜

大霜是我的小学和中学同学。上学的时候我们并不是十分要好。那时家里对我管教很严，放了学要马上回家，要练琴。其实练琴不是最主要的，主要是爹妈被吓坏了，由于我家的家庭成分，爹妈怕我被欺负，甚至会被打落牙齿和血吞。

为避免伤害，干脆因噎废食，索性将我圈在家中。小孩子被圈在家中总要找个事做，最后爷爷说："贤德淑女要会琴棋书画，就学琴吧！"这样伴随着我的小学生涯开始了学琴的生活。因此也就葬送了很多童贞野趣，每天一放学就马上回家，和同学的关系处在一种若即若离的状态。

大霜在小学和我不是一个班，因为那时她和双胞胎的妹妹小霜，总是梳两个粗大的辫子，很特别，这基本上是我对她的最初印象。

时隔十六年再见大霜，她已为人妻，为人母。她第一次到我办公室，秘书给她倒茶，她局促不安地搓着手，从她脸上纵横的皱纹和粗糙的手，能体感到她生活的艰辛。秘书说从外貌上看我们至少差十岁，当时除了一点沾沾自喜以外，借口工作忙，没有仔细倾听她的声音，只知道她在做保险，由于对保险从业人员的偏见，我并没有像承诺的那样极力帮她推销，只是敷衍了事。

再见面的这两年，她总是会在各种节日给我一个问候，我一直安然享受着这种被关爱的感觉。其间大霜也给我打过几次求助的电话，我总是很快将她打发了事。

今天再翻电话本，突然看到她的电话，想到很久没有她的消息，主动给她打了一个电话。在电话那头，听得出她的激动和喜悦。第一次静下心来听她絮絮叨叨讲着家庭琐事，倾听她的心声，我被深深地震撼了。

今天才体会到她生活的艰辛，年近不惑，一家人挤在一间租来的小房子里，有一个顽皮的儿子，时常闯祸，让她经常提心吊胆。有一个老实得近乎木讷的老公，总是在外面拼命干活，常常拿不到工钱，让她将心操碎。她自己因为过度的体力劳动，有一身的毛病，严重的腰椎间盘突出，还有一个严重的骨刺，还有乳腺增生等。

即使这样，她每天只能睡五六个小时，为了不让老公吃剩饭，她家的晚饭常常是晚上十点半开饭。她每天绝对不可以迟到，迟到了要扣工资，为了每月的一千余元工资，她不敢轻易关手机，随时接到客户的电话就要服务上门，哪怕是在凌晨，是在病中。她常常一天围西安城转几圈，现在有个电动自行车还好些，就这样每天不停地跑呀跑，实在累极了，就在马路边，在车上趴十分钟。她舍不得为自己花一分钱，筹划着家里不要再出什么状况，要存钱买房子，给儿子攒钱上学。

听着她宏大的计划，我的心酸涩地揪在一起。从去年春节到现在，我一直没有见她，她说知道我很忙，除了节假日，从不敢打扰我。因为在节假日，我是寂寞的，她希望我知道有人关心我。听到这里，我羞愧难当，湿热的泪水蒙蔽了双眼，今天才知道她出了很多状况，都没有告诉我，只因为她知道我忙。她的很多忙对我而言只是举手之劳，我却因为一句“忙”将她拒之门外。一句过去常说的话在耳边响起：“在人之上，视人为人；在人之下，视己为人。”突然有了一种冲动，一定要想办法帮助她。

想起师父的话，你一定要强大，只有自己强大了，才可以帮助更多可以帮助的人。倾听着她的絮语，我告诉自己：从今天开始，摒弃自己以往的清高傲慢之心，抓住一切机会，让自己强大，来帮助更多需要帮助的人。

行走着的橄榄树

我是个很有女人缘的人，身边有很多很优秀的女人。要列举起来恐怕一大张纸也列举不完，灵异的人就有好几个。做音乐的智慧美女、做设计的精致女人、做服装的漂亮美眉、做教育的理智小妇人……今天见到的管理身材的朋友也是一个特别的人。

她来自青藏高原，身上带有明显的高原女人的特性，瘦弱却生命力顽强，仿佛可以对峙一切困难。从很远的地方来，又到很远的地方去。一个人生活在陌生的城市，仿佛天生就是到这世上来漂泊的。来的时候不用接，走的时候不用送。是和我同样的树一族，是一棵行走着的橄榄树。

树走了，树影还萦怀于心。树通常和木联系在一起，看到树自然想到木。人总是爱说，人活一世，草木一秋。木是个非常有意思的字，在巴黎的圣心院曾经听说过一个故事。上帝在每个生命降生时，都会给这个生命一个十字架。有两个灵魂同时来到上帝面前，一个看到黄金的十字架非常漂亮，说“我要纯金的”，一个看到木头的说“我要木头的”，上帝满足了他们的愿望。若干年后，当他们通过坟墓再次站到上帝面前，背黄金十字架的人说：“主呀，我来生要一个草做的十字架。”背木头十字架的人不解地问：“为什么？你的十字架那么漂亮，我羡慕了一生，这一生正准备问主要一个金的呢。”“兄弟，你不晓得，我这一生背着这个金子做的十字架，不晓得有多辛苦。”“怎么会辛苦，我看你锦衣玉食的，羡慕还来不及呢。”“你不晓得它有多重，时常压得我喘不上气来。”背木头十字架的人于是对上帝说：“上帝呀，我还是要木头的十字架吧，虽然出身草根，时常为生活所迫捉襟见肘，可是平凡的家人，平凡的出身，不用为身外之物烦恼，我一生过得轻松自在。”我在想橄榄树大概背的是羽毛做的十字架，适宜飞翔。在一个个逆风飞扬中，获得新生。

下午从高新的影像店出来，等车的当口，看川流不息的人流车潮，大略数了数，这些生活在城市中的“白骨精”们，十个有八个在一边走一边打电话，还有两个在吃东西，拼命地填塞着食物，没有一个不行色匆匆。我真怀疑自己是在西安的街头还是在东京的街头。他们的十字架，大概都是重金属做的吧。

天空中的风筝，依然在空中飘摇。橄榄树又一次起飞，向她向往的地方，拼命地扇着羽翼飞翔，飞翔。

我合掌祈祷：愿我的朋友一路吉祥，扎西德勒。

美智子

美智子一米六五米的身高，五十公斤的体重，顾盼有神的眼睛，风趣幽默的语言，令人目眩的事业成就，活脱脱是集美貌与智慧于一体的天之娇宠。

也许是从小生长在新疆的缘故，她娇小的身躯里有着西北人宽广的胸怀。少年时代的一次旅行，让她从遥远的戈壁荒漠，来到了西北首府——西安，注定了她和西安的不了情缘。

在西安的二十三年生活中，她从一个妙龄少女变成了一个魅力女人，身上散发着迷人芬芳，透过她的举手投足，幽香四溢。

她将最美好的青春奉献给了西安，在这里留下了成长的痕迹，青春的记忆，奠定了事业的基础。在高等学府中，她享受着教师职业带给她的尊重和欢愉，静静地做着她喜欢的事。

原想日子会向流水一样平静地过下去，但是在不想长大的幻想和必须长大的现实面前，世人只看到她优雅的风度和成熟女人的光华，却没有人知道她为此付出的辛劳。

她的美貌和智慧并没有带给她心仪的生活，时光之沙，用最粗糙的砂轮在她柔嫩的心灵上，划下了一道伤痕，痛彻心扉，她独自品尝着痛的滋味，用东方女人的含蓄贤淑，对抗着、隐忍着。智慧的女人善于思考，当她发现生活逐步变成她的桎梏时，她开始拯救自己，寻找新生的契机。

机遇从来都是给有准备的人，命运再次垂青于她，她顺利地通过了严格的筛查，而今她已经远离西安，到更广阔的天空中翱翔。

如歌的岁月，对她而言，已经进入气势恢弘的乐章，我合掌向天祈祷，愿我友从此远离烦恼，享受安然自在的快乐人生。

幸福女人

过了安检，正无聊间，电话响了。是一个慵懒的声音："我决定给自己放一天假，今天是我生日，可惜今年是我一个人。你陪我聊聊吧！"那个幸福的女人想将自己的幸福与我分享，登机还有一会儿，我就做个好听众，细细听来。

幸福女人的先生是我研究生时的同学，他们从相识到相恋我都有所耳闻。幸福女人是个有生活智慧的女人。甭管现在聊得多开心，只要先生一个电话，她准保一溜烟地没了踪影。为此，我常常戏言她重色轻友。也许正是因为这样，这两个人多年来恩爱如初，相敬如宾，如今儿子已经比妈妈高了，还是喜欢腻在妈妈身旁。老公已经从当年的英俊小生步入中年。看着他们幸福依然，我常常不自觉地疏远他们。

然，没奈何。下次她小嘴一撅，姐姐姐姐地叫着，我就又一次就范。嘴上说着抱怨的话，心里是着实的羡慕与嫉妒。在她需要分享幸福的时刻，我还是乐意做一个好的听众，同喜一下。她说那天是她的生日，听了半天才知道那日是她的结婚纪念日。对于女人来说，结婚纪念日确实如生日般铭记于心。在她心里，也许那一天才是她幸福人生的圣诞。祝福你，幸福的小女人，一生幸福平安。

简单女人

端午节的下午，突然接到一条短信。内容很简单："香儿祝你端午节和所有的日子都平安、快乐！"香儿是我失踪了近半年的朋友，在这半年里我只收到过她两个短信，一个是这个，还有一个是春节过后不久，大意是说她在青海的某个牧区，浇花、种菜。任我怎样打电话都是礼貌的电子答录机："您拨打的用户已关机。"

一看到短信，我马上将电话打过去，电话那端的她平实快乐。从去年秋天到现在，她一直在放逐自己，竟然找到了平实的快乐。她一个尘世间时髦的妙龄女郎，在这近一年的时间里，住过修行人住的山里茅棚，游走在少数民族的牧区，住过县城，住过乡村。我问她去做什么？回答好简单："寻找快乐。"问她找到了吗？答曰找到。再问为何？简单，快乐。

她找到了自己的归属地，青海藏族聚居区边上的一个村子。她现在还听不懂那里人说的话，但是那里人爽朗的笑声感染了她，留住了她的脚步。她决定住下来，而且还打算在那里开一家小店。我仔细听着，发现这次她不是心血来潮，是认真的。我开始好奇是什么样的一群人让她驻足，打问之后才知道，是一群生活得很简单的人。

那些住在牧区边上的人，远离现代文明，物质生活极为匮乏，是我们这些生活在都市里的人难以想象的。人们辛勤劳作也只能勉强果腹。一年四季的蔬菜只有萝卜、土豆、葱等，几样而已，而且还不能够经常吃上，肉是每天的主菜，因为牛羊是自家放养的。一个村子几乎有半个村子的人都有千丝万缕的血缘亲情关系，除过劳作，村民们就聚集在一起，大声地欢笑。

那笑声是发自肺腑的。当她还不能够真正听懂时就喜欢上了那里的人们，同他们一起笑，一起闹，仿佛回到了童贞时代。没有太多的物质需要，没有都市繁华掩饰下的欲望，有的是生命原生态的简单快乐。

她说已经不适应都市生活，在公共汽车上，看到那些衣着华丽的都市人，每个人脂粉掩盖下的是不安的灵魂。在那些人的脸上，看不到生气，看不到快乐，看到的是焦虑。她说回来看看父母，刚开的手机被我逮到，我要求她不论去到哪里，必须每两周给我一个信息，让我知道她安好。

尽管有些霸道，她还是同意了。并且说，她在那个地方不容易上网，看到我好久没有写文章，有些遗憾。朋友中喜欢看我写字的人不少，只有她最特别，说我有当作家的才干，做别的就是浪费材料。我很长一段时间坚持写东西都是她的因缘，今天再次为她写下这些文字，希望他日可以带给她快乐，知道远方有一个牵念她的朋友，一直默默地祝福着她，希望她快乐岁岁年年。

慈悲女人

有一个女人让我感觉到可怜。她每天绞尽脑汁地在想问题，每天勤奋地筹划着未来。我也曾经在她的一个个激动人心的计划前欣喜若狂，为她的一个个好主意激动不已，然喜悦过后是不了了之。一次、两次、三次后，我已经变得迟钝和麻木。再好的设想对我而言也只是想象而已，一笑了之。当这些“创意”在我心灵上水过无痕时，留下的除了悲哀就只剩下我对她的慈悯。

无论什么样的女人，再能干也不是哪吒，拥有三头六臂。天底下好事情多了，我们没有办法做完，只要拣我们能够做的一两样就已经足够。“闻道有先后，术业有专攻。”专业的人做专业的事，每一天都要面对挑战，我们的神经和精力是不能够接受的。面对层出不穷的GOOD IDEA,我除了无奈就是慈悲。

在现实的物欲世界，我以慈悲之心、忍辱之意、肺腑之言，观功念恩地做了许多工作，终究发现无缘。我信奉的六合敬和别人是格格不入的，没有办法，道不同不相为谋。当我意识到这一点时，我心痛不已，这违背了我的初衷本怀:朋友第一，做事第二。作为修道之人，我只见自己过，不见他人非。常常在佛陀面前忏悔，究竟是哪里做错？

终不能度那冥顽之人，我想是我的修为不够吧。

了了师姐

初识了了师姐是在一次送老和尚的聚餐之上。那日因一个师妹很想见我，时间也不早不晚，大约下午四点左右。因下午两点多的聚会，那时正在兴头上，也约了师妹同来。师妹带了了了师姐，会上人多，也没有细谈，散会后应师妹之邀到我的工作室小坐，那夜女人夜话至深夜，欢喜自在忘记时空，相约再续。

因我的忙乱，就将再续的事情搁置。近来因捐助冬衣的事，昨天接到师姐的电话，说午后来送她整理好的衣物。如约而至的还有一位西安名媛，三个女人，再度一同经历了一场平安夜的下午茶。我也顺道将了了师姐采访了一下。

了了师姐作为《佛缘》中的第一个优婆夷（佛教在家之女信徒），进入了我的视线。师姐在许多时下人眼中是一个成功人士，拥有财富，拥有一个令人羡慕的家庭，过着现在很多人羡慕的生活。

将师姐的学佛因缘粗略写出，可以总结为：成功的秘诀 = 放弃妄念 + 放下恐惧 + 掌握一点知识。其实成功真的很简单。

了了师姐出生在一个知识分子家庭，在知识无用论的年代来到这个世界。在家中行二，是家中唯一的女孩子。原本她的出生应该带给家庭欢愉，然她的生理缺陷——唇腭裂和先天心脏功能不全，让近乎完美的母亲怎么也不能够接受这个残酷的事实。母亲在她出生时，甚至想将她掐死。当时在外地工作的父亲赶回来，才救得她的小命一条。母亲的美丽和完美不允许她生活在母亲周围。

出生时带给她的缺陷，使她的生命脆弱得气若游丝。母亲的母亲担负起了哺育了了师姐的工作，在外婆的悉心呵护之下，了了师姐逐渐长大成人。八十年代初，她顺应父母的意思，接班进了一家科研单位做工人。父母的想法是有个饭碗，将来只要有人娶就不错了。女孩子读书无用论在母亲的思想中根深蒂固，何况还是一个这样的女儿。

好强的师姐，不肯向多舛的命运低头。凭着自己的努力，在工作的第二年就考上了西工大的计算机系，圆了自己的大学梦。大学毕业专业不对口，被分去搞财务。好学的师姐凭自己对美的渴望和追求，又去纺院学服装设计，毕业后忘我地工作，带学生奔波在最艰涩的地方。此时，生命对她第一次发出警示，由于忘我的工作，忘记喝水，整日生活没有规律，生命的体能被严重透支，身体出现了大面积的皮肤皲裂，身体如同冬日里树梢凋零的干果，已经痛苦得提不起来。没有办法，她只有回到城市。这期间开过饭馆，倒腾过服装。

经历过百种事业的历练，在世人的白眼、冷漠之下，她又一次向生命发出挑战，在中国股市低迷的一九九九年步入了磨人的股市，这一次她告诉自己，自己别无长物，只有背水一战。由于先生投资失利，巨额的债务下，了了开始了自己的财富之旅。千里之行始于足下，穿着露大拇指的鞋子，每日以电烤饼聊以充饥，捉襟见肘的生活过了三年才将债务还清。面对自己第一次盈余的资金，她为自己买了一双鞋子。

今天的了了在金融市场找到了自己的人生价值，在资本市场的瞬息万变中游刃有余，以年回报百分之二十的承诺，为她的投资客户们服务着，快乐着。客户的理解和支持让她踏实，让她找到了自己的位置。长串的资金，巨额的财富从她口中吐出，如家长里短般的稀松平常。资本市场K线上的跌宕起伏，在她眼里不过是梦幻泡影，如露亦如电而已。

今天的资本市场已经不能打倒她，在这场博弈中，她获得了无比的快乐。因着她的敏锐，她的客户们获利，欢欣雀跃。而她更在乎创造财富的过程，数字对她只是代表一个符号而已。现如今她很少使用现金，喜欢用卡。数钞票不能给她带来快乐，卡上数字的变化才可以带给她欢愉。今天的大自在，得益于佛陀的启示，这一切还要从她学佛说起。

了了进入股市时，正赶上中国股市的萧条，刚入市时什么也不懂，也没有人指导，她最初有限的知识，基本都是偷听来的。多年从事金融行业使她有了一个常人没有的习惯，她通常在凌晨三点起床，那一刻，万籁俱寂，头脑特别清楚。白天嘈杂市场中不能解决和面对的问题，这一刻可以仔细思量，找到答案。

最初的时候，面对窘迫的生活，她太想通过自己的努力改变这一切，迫切地想过上好日子。她在每天凌晨画图，将中国期货开始到现在，近十年的K线图一一画出。二〇〇一年，在别人不解和白眼中，她依然坚持，毫无松懈。从一九九九年入市至今，了了见证了中国股市的低迷、期货的兴起、资本市场从开始到繁盛，进而穷奢极欲的疯狂，再到今天的再度彷徨。她也随着这巨大的“孔方兄”的四个脚，不停地旋转，如同穿上红舞鞋，在诱惑和欲望中拼命地跳啊跳啊。她太想赢了，她全身心地投入，拼命地补课。了了自己的比喻很形象，小时候学过卖油郎，她如同卖油郎一样，这几年拼命练就了一个绝活：将油（投资资本）透过孔方兄的小口，准确无误地灌入瓶中（获利资本交到客户手中）。

二〇〇六年中，忘我工作的了了，在事业的巅峰时刻，被120无情地接走了。她那先天不足的心脏在跌宕起伏的资本市场蹂躏下，终于败下阵来，面对突如其来的病痛，气若游丝的了了，在病床上还抱着电脑，医生赌气说要对她放弃治疗。在临上手术台前，她还对资本市场发出了最后的指令：平仓出市。

那时是资本市场最疯狂的时刻，我问她为何平仓，也许几日，或几个小时后，就会有更多的财富入账，当时平仓是很不经济的。她笑言，那时候想的只是，不能让自己的客户因为自己蒙受损失，资本里有客户的钱。我再问为何？她坦言，感恩。今天在她和客户的年终结算时，时常会多给客户算一些，或者多给一个百分点。我说，这样您的合约不是就没有用了？您这样做会不会助长客户的贪念？她再答，感激。凭着这颗感恩之心，皇天不负有心人，她获得了客户的资金支持，在行业中拔得头筹。最近将受国家资本市场的邀约，在国家最高金融机构做模拟实操，为金融精英授课。

二〇〇六年的大病，对她来说是不幸也是幸运，因为这场磨难，她获得了解脱。病后，她被死亡巨大的恐惧打倒，一直身体较胖的她，因为极度的恐惧迅速瘦了下来。当时一切关于死亡的话题都让她在炎炎六月天中不寒而栗。陡然的生死无常将她又一次抛入生活的谷底。她的财富、她的家庭正在一点点从她身边滑过，那向下滑动的感觉，令她惨怛！迷茫之中，邻人的一句话如救命稻草，她抓住了。她走进了佛陀，飘忽不定的心有了归宿。在菩萨温暖的怀抱中，一颗狂躁的灵魂逐渐地平静下来。一本《认识佛教》为她答疑解惑，解开了心中的种种谜团；一本《生死之书》让她了解生死的真相；一本《中医理论》让她认识自己。菩萨修因，凡夫修果。凡夫执着在相上，不知“凡所有相，皆是虚妄。若见诸相非相，即见如来”。

透过学佛，增长了智慧，知道了佛和凡夫的不同。佛的生活简单纯净，托钵乞食，食毕沐足而坐。一切行动中，佛的心如如不动。凡夫的心即使在禅坐的定中，也时时在动，妄想意念没有一刻停止。这就是佛和凡夫的不同。佛说人人皆有佛性，皆是未来佛，那是佛陀慈悲，我们的未来在何时？就在当下。

当下如果可以放下，就可以欢喜自在，然凡夫却放不下。金钱财富，我们生不带来，死不带去，争来抢去，且看“天下熙熙，皆为利来；天下攘攘，皆为利往”。这一来一往，让人在六道轮回中流转。欲望让我们不自主地被囚禁在生死轮回的循环中。如今我们如同旅行者一般，被赋予宝贵人身。这次生命结束时，我们的心念——更确切地说是“心识能量的相续”，将无可选择地被业风吹至另一个生命里面，心识将居住在另一个轮回的躯体之中，这期生命会结束。我们的心识将继续不自主地奔驰，这种过程会一再重复，直到我们找到逃脱的方法。只要轮回仍在继续，我们就必将在生死中流转。

目前这个身体，带给我们多少烦恼？我们必须喂养它，给它衣服穿，费心照顾它，以维持健康。我们必须在田野或工厂里做工，赚钱养它，并建造房屋为它保暖。经过一天辛苦的工作，身体十分疲劳，我们的心也因此而感到沮丧。然而，不管多么保护自己，身体还是会在生老病死中流转。即使我们再不愿意和这个带来不适的身体绑在一起，也似乎没有任何解脱的方法，可以让我们脱离它而生存。这种无法自由选择的情况，就是轮回的本质。

当了了透过佛陀说的诸法实相，幡然醒悟，扼住了命运之喉，不再受命运的摆布。荡气回肠的资本市场，不过是她行菩萨道的道场，将多舛命运带给她的苦难转化成财富，施舍出去。生活为她关了一扇窗，却开了一道门，终于让她放下了恐惧、担心，放下了所有心中的不悦，她的心像鸟儿一样自由翱翔。轻松自在陪伴着她，在商海中越飞越高。

人生的这一场磨砺，让她透过身体，看穿了生命无常。她为自己设立了人生坐标，用无相布施，同一切有缘人分享自己的成功秘诀。

了了说，要放下恐惧。每一个人，每天无时无刻不在妄念中。每一个投资人都带有不切实际的妄想，所有人都想赚钱，可是很少人想到赔钱了该怎么办。时常见到的投资人，整个人的状态就是一个 K 线图，行情好时趾高气扬，甚至是飞扬跋扈得忘乎所以。行情不好时气急败坏，整个人似一个毒气弹，走到哪里污染到哪里，让空气中弥漫着焦虑和不安。

老子说：“福兮，祸之所依；祸兮，福之所伏。塞翁失马，焉知非福？”我们寻常人，遇事不够沉着冷静，常常是意气用事，逞匹夫之勇，因此才会有福无双至，祸不单行之说。当好的消息来临时我们往往得意忘形，被胜利冲昏了头脑，好运气也被吓跑了。不好的消息来了，我们被失败的恐惧打倒，变得心惊胆寒，慌了手脚，盲目地逃逸，斩仓，将自己刀割斧劈得遍体鳞伤。

了了从赔大钱到赔小钱，再到不赔钱，再到赚小钱，以及如今的赚大钱，这一路走来，最获益的就是放下妄念，让自己以一颗清净心面对瞬息万变的市场。在她眼中，涨跌是再平常不过的事情。人和人没有太大的区别，差一点就不得了。她以一颗如如不动的心，看什么是什么，不会让市场的K线左右自己的喜怒哀乐。

诸佛菩萨亦如是，谁见过菩萨因为来上香的人烧的香好，烧的香多就恩泽他些什么？不管来的人高矮贫富，诸佛菩萨一律平等对待，永远是一个婴儿般的微笑，静静地看着你，一下看到你的骨子里。人生中，可以打败自己的只有自己。自己就是自己最大的敌人，如果战胜了自己，将无往而不胜。

了了说，要放下恐惧。真正灾难来临，恐惧是没有用的。既然无用，拿来累赘，索性放下。她讲了一个故事，有一个执着的人，师父用尽办法也无法让他放下，于是师父交给他一袋东西，告诉他很重要很重要，路上千万不可放下，只有到目的地才可以放下。那人按照师父所指的路线，一路按图索骥，走到一座山下，图上的路还在延续，这个老实人想，既然答应师父了，即使筋疲力尽也要将重要的东西送到目的地，他于是咬紧牙，一直努力坚持坚持，终于到达山顶的目的地。当他将负重卸下，疲累地瘫软在地时，他四肢摊开，一阵清风拂过，从未有的轻松让他豁然顿悟，这就是放下。了了放下了，自在了。她不给自己设定圈套，自己做游戏的主人，自己定规则。

我们谋生的技能实际不需要很多，只要掌握一点就足够了。我们平常人读书十几年，一生中最美好的年月都在学校中度过了。幼儿园时父母开始为我们规划未来，上贵族小学、重点中学、名牌大学，有条件的还要出国留学。实际上，我们在所谓的学习中迷失了身心的教育和培养。今天的学者扼腕叹息，我们今天社会的整体知识层次提高了，然社会的问题却成倍地增加。究其原因，是今天的教育出了问题，本末倒置。我们只注重技能的培养，不注重心灵的成长。很多人长到四五十岁依旧迷糊，根本分不清是非好坏。

很多人上了几十年的学，毕业只是拿到一纸文凭，很少学以致用。既然学无以致用，那学它做什么？不如放松身心，做一些自己喜欢做的事。南唐后主李煜，如果不做皇帝，将是一个伟大的诗人，造化弄人，让他饱尝国破家亡之痛。这个世上，很少有人在各个方面都出色，人在哪个方面出色，就应该在哪个方面发展。孔子常言："知之者不如好之者，好之者不如乐之者。"人对有兴趣的事情，乐此不疲地学习，会事半功倍。

今天的了了不是金融专业毕业，凭自己挑灯夜战的一点乐知心得，加上面对市场的平静心态，在潮起潮落中，潇洒自在，凭的是自己一颗真诚的心，对人对事。

采访中，了了师姐说得最多的是，自己是一个贪爱的人，贪友爱、情爱、慈爱、母爱……这世上贪的人很多，贪财贪色的人最多，贪爱的次之。贪爱是因为缺乏。儿时在原本应该享受家庭温暖的时候，因为她的残缺，母亲将她拒之门外，对她生了厌弃之心；成家之后，又有一个母亲时，当她满怀欢喜地期盼婆婆的爱时，婆婆因为儿子帅气、学问好而没有讨一个漂亮的儿媳，对她生了怨恨之心。面对两位母亲，她不怕吃苦，拼命地努力，为的是获得母亲们哪怕是一点点的首肯。然而，无论她怎样努力，都是颓然。如今面对这两位母亲，她无怨无悔地孝顺，恪尽职守地做着一个女儿和儿媳能做的一切。

她是不幸的，然而她又是幸运的。上苍赐给她一个帅气的先生，且她是这个帅气男人的手中宝，无论生活多么窘迫，一直被呵护着。为了这个心仪的男人，她甘冒生命危险，战胜了心脏病，为他生了一个帅气的儿子。这简直就是上天对她的眷顾，有了这两个男人的爱，她艰涩的人生有了一抹靓丽的玫瑰色。

客户们逐渐因为了解，和她成了朋友。了了师姐的杰出工作，获得了朋友们的尊重和爱戴。她是朋友们的依靠，有她在，投资人心中踏实。在友人的尊重和敬慕中，她获得了成就和欢喜。

蝴蝶夫人

我的蝴蝶夫人，不是意大利歌剧中的蝴蝶夫人，但她和蝴蝶夫人一样真诚和心地纯良。蝴蝶夫人还是妙龄女郎时，我们就认识了。那时她还是蝴蝶小姐，她有个特点，就是什么都好像大一号。头比一般人大，有个聪明的头脑；眼睛特别大，在她清澈的大眼睛下，你会不自觉地变得清澈透明；还有就是胆子大，泰山崩于前依旧淡定自若，有一般女子没有的胆识。

在她面前，我时常觉得自己就是一个黄口小儿，需要家长的庇佑。蝴蝶夫人的黄口小儿在我去年生日时，说他已经爱上我，长大要和我结婚，常常说想我什么的。经常说我是美女，是他的亲爱的，常常会情不自禁地亲我。四岁孩子的话，童言无忌。我对少年儿童的杀伤力这样大，蝴蝶夫人说她好嫉妒，我很开心。有一日突然想，我要晚生三十年，做蝴蝶夫人的一双小儿女也是幸事。

相识相知多年，我也一直没有为她做过些什么，除了让她疼惜外，好像总是有很多让她操心的事。她是那种“知我者谓我心忧”的人，那日她说有件喜欢的衣服，就是色彩太单调了，我突然想自己可以有所报答，就取来为她手绘。取回后，一直没有想好画的内容。一天路过一家音像店，突然听到意大利歌剧《蝴蝶夫人》曼妙婉约的歌声，想起那个凄美的故事。今日再听，仿佛天籁之音，奇怪自己以前听过多次，大多昏昏欲睡。少年时代在音乐学院附中的很多往事一一浮现在眼前，在那个由苏联人援建的礼堂里，我第一次知道了《蝴蝶夫人》的故事。灵感突现，我狂奔回工作室，拿起秃笔，一气呵成，将我美丽的蝴蝶，献给那个怜惜我的蝴蝶夫人。

弱势群体

下午得知一个令人震惊的消息，让我后背一阵阵发凉，心一阵阵发紧。感觉自己有些烦躁，一边放下手上的工作，一边告诫自己要冷静。

结束今天的事，走在回家的路上，道路两旁都是一处处燃尽的纸灰。一只只穿越地狱与天堂的黑色蝴蝶，上下翻飞，想着那个叫国栋的年轻人，希望这蝴蝶可以带他去天堂。两周以前他像张国荣一样飞去了他想去的地方。尽管给生者留下了很多叹息，但对他，也许是一种解脱。

朋友的解释是："每个人的支持系统是不同的，有的很强，有的很弱，有的弱得几乎没有。弱势群体这个词说了很久，却一直没有办法准确地界定人群。看来我找到了答案。支持系统有两部分：一是来自于他人，二是来自于自己。国栋依靠的一直都是后者。他或许没有习惯于借助第一部分，抑或许还不懂得如何借助第一部分。正如一个没有高峰体验的人永远不懂得成功的 feeling 一样。"

一直以来都很怕没有人喜欢我，一直以来都很担心对朋友对他人不够好，怕有人会和我翻脸。所以总是退却，总是让步，总是讨好，总是吃亏。所以我的第一部分比较强大，而第二部分呢？国栋启发了我，我开始学着和自己说话，但是很艰难，就像太极中的阴阳，永远也没有办法走到一起，只能是在矛盾中调和一下而已。

很久以来，我总是怕自己不够好，总是很努力，其实我们如阡陌尘埃，在这个大千世界里，我们能够做的只有随顺、圆融。世界已经给我们太多压力，学着放下。一生只做一件事又如何，做一件自己想做又喜欢的事，不就很好了吗？

交朋友这件事

下午在朴素师父的茶楼喝了两口“天下第一茶”，晚餐几度胃痛得不能坚持。同一位绅士谈话，虽然我努力保持良好的仪态，还是在最后时刻落荒而逃，去药店求救。我是个福薄命浅之人，无福消受这样的大福，反糟蹋了别人的一番美意。因为谈话很重要，在吞下大剂量的胃痛定和若干杯滚水后，我的意识勉强回来。由于这个插曲，谈话的时间变长，勉强将要说的事情说完，逃进乐闻轩，抱着电暖袋，只一会儿就恢复如初。

谈话期间有一通电话进来，没有听。一方面是不想被打扰，更主要的是，不晓得该说些什么。打电话的人是曾经将我伤害得很彻底的人，是以怨报德、让我曾经无语的人，我有千万个理由痛恨和抱怨。曾经很多关于他的消息传来时，我都会用佛经上的一句话“个人生死个人了，个人吃饭个人饱”，堵住别人的嘴。不想知道也不想问，对他已无怨，无恨，更无缘。再说那些无意义的话有什么用？

这个世界有人相互扶助才会让我们走出沼泽，推我们进万丈深渊的人毕竟很少，不幸碰上了，只能说我们运气不好。磨难使我们的人生更加丰富，更加厚重。今日回头看曾经的伤痛，已经是那样微不足道，像天边的乌云，飘落在远方。那远去的刻骨铭心的伤痛，停留在我心里，只有我自己知道它有多深多长，没有必要一再地揭开展示。

什么人可以伤害你最深、最重？也许是你最信任、最看重的人。他们利用了你的信任，在你不经意时突然出击，一下命中要害，害你没商量。那一刻他们变成了魔鬼，曾经的千好万好在他们眼里一文不值，你的尊严被肆意践踏，被蹂躏的何止是心？是一切美好的希望。

古人讲，婚姻要门当户对，交朋友也要水平相当。我一直主张谈话要有平台，如果谈话不在一个平台，就没有办法沟通。今天师妹问我凭什么信任她，我微笑着告诉她，凭我们有一个共同的师父，有一颗同样虔诚的赤子之心，凭我们站在双方的角度考虑问题，凭我们处在同一个平台。

每个人独自来到这个世界，获取知识、金钱和成功，这当中有多少磨砺？多少不为人知的秘密？多少对个性的牺牲？多少对道德底线的挑战？这些对我们又有多少性格、人生观和思维方式上的改变？这些改变将会怎样影响我们？选择一个一起共事的人，和选择一个一起生活的人是同样的道理。

谁都想选择一个好的、有能力的合作伙伴。然而，有能力的人大都是有个性的人。我们又要承担多少精神上的折磨，作出多少感情上的妥协？我会问自己：“你能承担吗？”当我确信自己有这个能力时，就去做；如果不能，就会离这些人远一点。

因此我只在同一个平台上挑选合作伙伴，并且永远不给别人太多的压力，平缓随和地共事，用有效的机制调动人的积极性，让每个人发挥自己最大的才能。无识无德的我，只要将田亩准备好，诚心邀请别人来耕种，不同的人将他们的需求拿走即可。我愿做那个永远的稻草人，告诉别人，我在即可。

往事并不如烟

中午正在雨中艰难地寻找可以果腹的食物，突然接到画儿妈妈的电话，说有新闻界的朋友来西安找一些旧人旧事，希望可以和我谈谈。想着久未见面的画儿，心里痒痒的，就答应了。

晚上如约而至，虽然没有迟到，但是就座时发现我是最后一个到的。此时已经高朋满座，原本以为只是很少的几个人一同聊聊，不想竟聚了一桌人。报界的知名人士占了一半，加上两个朋友也是新闻界的才俊，仿佛是新闻年会，席间的奇闻逸事不断，让我这个圈外人听得有些瞠目结舌。有一个来自城市建设部门的朋友用纯正的西安话复述历史，让我倍感亲切，尘封的旧日子在别人的讲述中一点点呈现。从张市长开始讲起，细数每一位在西安历史中有名的人物。很多人和事，作为老百姓的我，如果不是借此机会，恐怕此生都无缘知晓。

城市变迁中逝去的人，一一展现在我面前；故旧世交一一浮现在我眼前；遗老遗少们一一向我走来。过往的日子离我们好像并不遥远。记忆如昨，清晰地记得陈泽秦以及陈老在八十九岁高龄时为我写字的模样。写字的都督府而今已经被一幢高楼取代，陈老也驾鹤西去。

刘老刘墨龙一身素衣，银髯飘飘舞剑的身影，他的夫人在一旁含笑递茶，这些细节我还记得清楚；穿着讲究，头发一丝不乱，坐在逍遥椅上摇曳岁月的姑奶，依旧优雅地拈着牡丹香烟，悠悠地吐着一个个烟圈；小婶婶的父亲，曾经是白崇禧的副官，一九四九年为了不肯上飞机的太太，留在了大陆，即使被整到拉架子车的地步，也从没有丧失一个军人的本色，行、住、坐、卧，依然有板有眼。旧日子的回忆使我激动地涨红了脸。

从餐厅出来，走在雨后的街市深呼吸，让肺叶里涨满清凉的空气。画儿妈妈说我是最后的贵族，心里暗暗好笑，不是秦桧的那个“跪族”就好。如果勉强算是贵族，也最多是个没落的破落户，时下真有些落架凤凰的感觉。去欧洲时在一个贵族的后裔家中做客，主人说他的血液里流淌着蓝色的血液，我的血液应该是什么颜色？我想大概是紫罗兰色，红色的血液里加入了忧郁的颜色。我正努力地让它逐渐没有杂染，变得纯净而透明。

回乐闻轩的路上，一边慢慢地踱着步子，一边回放着旧日的时光，好像往事并不如烟。曾经破旧的大宅院里，斑驳的记忆正在一点点地拼接。儿时合欢树下，爷爷絮絮叨叨的家族旧事，逐渐清晰。那个特殊的历史，让爷爷患上了严重的精神疾病，今天叫癔病。

爷爷的病是被一次次严重的抄家给吓出来的，那种恐惧已经植根于家族血液之中，虽历经几代，依然没有被基因重组。家族中人对政府的天生敬畏在父亲身上表现得淋漓尽致。一个简单的欠债官司打了近十年，花费了他所有的积蓄，依然未果。

爷爷一旦发病就会想尽一切办法将自己藏起来，不论什么地方。哪怕是只可以放进脑袋的空神龛也好。旧宅院中有很多放神龛的墙洞，大大小小，它们的位置爷爷都烂熟于心，连以前下人们曾经住过的土炕、火墙的洞口他都可以找到。食品奇缺的年月，那些不为人知的神龛，成了我和爷爷存放美食的仓库。在阳光灿烂的午后，爷爷总背我到南门门口的斜坡上去，厅堂中央有一个带镜子的大柱子，我总要在镜前搔首弄姿一番，然后从镜中告诉爷爷我想要的食品，店里的人大多是熟稔的，常常会在点心之外送我一个小小的玫瑰酥糖。每每我会用手绢包好，回去贿赂奶奶。我们通常会买几角钱的点心，藏在一个个神龛的洞洞里。钱大多是我和爷爷从家中家具上用螺丝刀撬下来的铜花换的，当时一个铜花大约可以卖两块钱。对于我们来说是可以享用一些时日的资财，会保存在我们俩的秘密之所——爷爷的烟荷包里。从小用螺丝刀到处撬家具上的铜花，也许是我最初的美术图案的灵感。直到今天，我都喜欢动手，喜欢拆卸机械，也许来源于爷爷对我幼年时期的特殊培养。

那时候我只要告诉爷爷我要吃哪个东西，爷爷就会精准地找到我要的美食。今天对美食的执着追逐，也是那时的后遗症，这点也深深地植根于血液之中。时常由于我俩的遗忘，美食不是供养给黄大仙（黄鼠狼），就是放坏被奶奶发现，心疼地好一顿数落。不晓得什么原因，那时的家宅中时有黄大仙出没，曾经在家宅的房梁上看到过蛇，信佛的奶奶是坚决不让家人惊扰这些神物的。

那时家里已经换了“李唐天下”（爷爷的话），意思是奶奶已经像则天皇帝一样大权独揽，爷爷也乐得逍遥自在，整日里和我厮混在一起。爷爷的晚年完全是在奶奶的庇荫之下，身上没有了丝毫的傲慢骄横之气，完完全全是和我一般需要照顾的孩童。我基本上是爷爷的影子，他怕生人，只有和我在一起他最放松，可以不管不顾地看书，高兴了可以给我吟诵他喜爱的片段。我无聊时会依在他瘦弱的怀抱中，看他的嘴唇一开一合地嚅动，习惯了爷爷轻轻的读书声，是我每夜的催眠曲。至今我还保留着睡前看几页书的习惯，否则就无法睡眠，这大概也是那时的后遗症。

不是痛那样简单

受朋友委托，今天联络了民国时期西安市警察局局长，黄埔军校第七期毕业的刘老的公子，我家的世交，我称为刘叔的那个人。说明来意，希望他可以将他家族中的过往讲出来。碍于世代交往的颜面，他不忍让我难堪，说可以谈长安金石书画社的历史变迁，以及他的恩师张寒山等，如果必要还可以为我提供一些资料。我要求他说他家的旧事，他三缄其口，不愿旧事重提，我的请求被婉言谢绝了。

昨晚父亲恰好到我这里来。今天在刘叔那里碰了钉子，于是想在父亲这里再试试运气，不想他们仿佛商量好了，一样地缄默。被我磨得厌了的父亲，丢下一句话，索性走了："已经长好的伤口再要揭开，不是痛那样简单！"

看来父辈人心中的痛还远远没有过去。那场所谓的革命，不仅仅革去了他们原本快乐的人生，也将敬畏永远地植根在他们的血脉之中，历经几十年的风雨，依然难于平复心灵的鸿沟。谁说时间是医治一切伤痛的良药？血脉中的伤痛就是无法医治的痼疾，只有随业流转，也许经过数代的基因重组才可以逐渐淡漠，直到淡出记忆。他日"大江东去，浪淘尽，千古风流人物……谈笑间，樯橹灰飞烟灭"时，也许我们的后辈会将这些陈年旧事当作茶余饭后的谈资来消遣。凭谁知当时的撕心裂肺、肢节皆损的痛？回忆对他们似魑魅魍魉的炼狱。那段刻骨铭心的岁月，在他们心中永远是黑黢黢的，没有尽头。那时的人精神受到怎样的摧残，今天的人也许永远无法理解。

说起家族旧事是因为爷爷的病，也许是在一次次的逼问中被吓破了胆，也许一次次的交代唤醒了他记忆深处美好的回忆。总之，患病后他不再与生人接触，唯有和我朝夕相处，将我当作倾诉的对象，絮叨着将那些旧事，一一讲给我听，也不管我听不听得懂。也许在他潜意识里，认为讲给我是安全的吧。我在他娓娓的讲述中逐渐长大，旧日子在不经意间融入我的成长，烙上了深深的印记。这印记像儿时种上的卡介苗，历经岁月却依稀可见。

不小心触碰到父辈心灵中难于愈合的伤痛，唏嘘着，轻轻吸气，尽可能不让他们感觉到痛，小心翼翼地将伤口掩上，慢慢地退出来，生怕打扰到他们。

朋友的托付定然是完不成了。是我过犹不及之过，只好将我知道的旧事拼接给他们。对于父辈只有屏息等待，直到他们想说的那一天。如果他们永远不愿意说，也是没有办法的事。就让那些如烟的往事随着他们远去。

旧日子会带给我们幸福，也会灼伤我们的心灵。这几天一直沉浸在这种旧日子的雾霭之中，人都有些恹恹的。看到朋友期许的目光，又不忍拒绝。母亲说我永远是死要面子活受罪，没有办法，这大概也是家族的血脉中遗传下来的，今生是无法改变了。

师恩

下午去拜望了分别已二十四年的恩师——著名古筝表演艺术家、教育家周延甲老师。

人说师恩难报，我实在是惭愧，从音乐学院出来的二十四年，我只去过三次。第一次是两年前，应雷教授之邀，在音乐学院的小礼堂听了一场外国交响乐音乐会。由于当时对很多事还放不下，听完就匆匆离去。第二次是在一个月前，应二十四年前的学长之邀，去观赏了一场无伴奏的合唱音乐会。结束时大约九点半，和朋友一同在校园内走了走，学院的巨大变化，给我留下了很深刻的印象。漂亮的校舍和二十年前真是天壤之别，唯一没有变的是两座苏式教学楼。昔日的琴房、教室，依然如故。

第三次就是今天。获悉老师明天要去北京，约了师兄和苜蓿同往。到音乐学院才知道，老师去了儿子家。可是迫切的心情怎么也按捺不住，打听了地址就一路找了去。

见到老师，还是有些惊异。二十四年不见了，老师也从中年步入老年，不过看上去比我想象的要好些。二十多年前老师又瘦又高，是个治学严谨的严师，而今比那时略微有些发福，是个安详慈爱的老人。

儿时，我的假期常常是在老师家度过的。那时老师唯一的女儿周望被中央民族乐团特招到北京，我得以在寒暑假住在老师家填空补缺。老师的儿子周胜和我一般大，时常到我家。每天除了练琴，就是带着老师的小儿子展展穿梭在校园和小寨之间。当年展展跟在我身后“姐姐、姐姐”的叫声，一下子在耳畔响起，很多儿时的趣事，一下子浮现在眼前。弹指间，展展已经从那个小小的弟弟，变成了当今中国广播艺术团的首席古筝演奏员。

从老师家出来，去探望了古琴表演艺术家李明终老师，亲耳聆听了大师的名曲《忆故人》。悠扬婉转的琴声，将古人离别之情，透过抑扬的琴声，展现得淋漓尽致。听过几个人弹这支曲子，音是弹出来了，情却没有到位，总是有些缺憾。今日听了大家的演奏，才发现果然韵味悠长。

愿您早日再来

下午在上课时，突然风云阵阵，紧接着春日少有的大雨不期而至。坐在讲堂中的我，感到阵阵寒意。回到乐闻轩突然接到一个令人震惊的消息，陕西德高望重的常明老和尚舍报圆寂了。不晓得今年是怎么了，先是圣严法师，现在又是常明长老。

听到这个消息，错愕了很久。听说过老和尚很久，只是近些年老和尚年事已高，不大会客。我只知道老和尚的弟子都是“宽”字辈的，现在陕西的各大寺院的诸山长老，大多是老和尚的徒弟，可见老和尚也是一个桃李遍陕西的长老。老和尚一直守护着大唐的护国兴教寺，为寺为教操劳一生。

我在中学时代有幸去过一次。那时音乐学院和美院刚刚分开，但是两个学校的老师还住在一起。也许是因为这个原因，那时美院附中和音乐学院附中时常要结为友好宿舍。我有幸在美院的忘忧崖演出，演出后友好宿舍的舍友，带我去游览了美院附近的兴教寺。那时的寺院残破不堪，寺中只有三个出家人，其中一个就是常明老和尚。

那时师父人到中年，刚从劳作的吊场（师父耕种的农田）回来，一副农人的模样。那时我对宗教毫不知情，只是好奇地随处看看。老和尚欢喜地带着我们一路参观，给我们讲了寺院的历史渊源。带有“国”的寺院，都是供奉战争中忠烈之士的皇家寺院，寺中的三藏法师舍利塔更是寺中的镇寺之宝。现在看来，又要有一座新塔伫立在寺院中了。

但愿老和尚早日乘愿再来。

写在感恩节

刚回到乐闻轩，打开电脑准备查看邮箱，屏幕上跳出一行字：“十一月二十二日是感恩节。”突然反应过来，上课时老师在黑板上写下的是不同的祈祷词，因为对教义不甚了了，所以就随大溜念了，回来才知道是为什么。

感恩节始于一六二一年秋天，远涉重洋乘坐五月花来到美洲的英国移民，为了感谢上帝赐予的丰收，举行了三天的狂欢活动。从此，这一习俗就延续下来，并逐渐风行各地。一八六三年，美国总统林肯正式宣布感恩节为国定假日。届时，家家团聚，举国同庆，其盛大热烈的情形，不亚于中国人过春节。每逢感恩节这一天，美国举国上下热闹非常，城乡市镇到处举行化装游行、戏剧表演和体育比赛等，学校和商店也都按规定放假休息。孩子们还模仿当年印第安人的模样穿上离奇古怪的服装，画上脸谱或戴上面具到街上唱歌、吹喇叭。

当天教堂里的人也格外多，按习俗，人们在这里都要做感恩祈祷。美国人从小就习惯独立生活，而在感恩节，他们总是从天南海北归来，一家人团团围坐在一起，大嚼美味火鸡，畅谈往事。远离家乡的人被作为客人受到邀请，人们也为那些不幸者送去食物。当地一些机关、学校和教堂先收集食物，然后装入食品篮内分发给穷人，有些商店老板还将火鸡送给雇员和一些老顾客。

有幸的是，这一天父母也在我的身边。父母于我是第一要感恩的，父母将我带到这个世界，从嗷嗷待哺到养育成人，其中的艰辛是现在父母们所没有办法理解的。我出生时，是家里的第二个孩子，第一个姐姐在很小的时候就夭亡了。我的降临让这个饱受磨难的家庭增添了一点喜气。据说，祖父在我未出生前有极重的重男轻女思想，唯一的姑姑在幼年差点当礼物送给别人。是年幼的父亲硬是跑了好远的路，将姑姑又从别人家里要回来的。也许是这个原因，姑姑和父亲特别地亲，姑姑一直对父亲有无限的感恩之情。暮年的兄妹有着我们没有办法理解的关爱，有时候为了一顿家常的饭食，不惜舟车劳顿要一起分享。祖父母去世后，姑姑将对父母的爱都转到父亲身上。

我幼年时，祖父不允许任何人对我不好，哪怕是说一下都不允许，甚至将我的啼哭也当音乐来听，可想而知我是在怎样的环境下成长的。就是这样众星捧月还是六度险些丧命，在一岁到七岁，不晓得住了多少回医院，有六次被下病危通知书，那对家人是怎样的残忍，全家的神经经常被扯得几近崩溃。能将我这样一个体弱多病的孩子养活，可想父母受了多大的煎熬。以前不懂事时，时常惹父母生气，实在是太不应该了。

别人总对我说，不养儿不知父母恩，待自己有了孩子才可以理解父母的辛酸。现在父母时常来我这里小住，我们彼此越来越理解对方。前几日给父亲的零用钱，父亲怜惜我每日工作费脑，就给我买了一大堆的补养品，尤其买了许多核桃仁，还规定我每日要细细地嚼三个。母亲也给我准备了一大堆脱核的红枣和黄芪，要求每天泡水喝。面对父母的殷殷目光，我每天为了让他们高兴，大口吞噬着他们准备的、认为对我有用的一切好东西，这些补养品常常吃得我没有空间装下饭食，好在常有朋友给我解围，将我从爱的包围中解救出来。对于父母的恩德，是此生难报于万一的。

要感谢的人实在是太多了，除了父母就是我的老师们了，从小在老师的教导之下，我们对世界有了感知，才逐渐生起了感恩心。现在发现，在这个色彩缤纷的世界里，各行各业都有无止境的学问，有无数的老师。

还有一直支持我的朋友们，在我人生许多个黑暗来临时，都有朋友陪伴在我身边，让我有了战胜困难的勇气。朋友搀扶着一同走过无数个沼泽，现在由于世事变迁，许多朋友联络不到了，然在我心中，还是要感谢，感谢你们给予我的帮助、关爱。

感恩佛陀，让我明心见性，开始了我的快乐人生。为报佛恩，我在努力地做着水滴事业，用有限的人生创造更多的人生价值，为更多的人带去精神需求。我将投入自己的全身心，期望能够融化自己，成就事业。

第三篇　修行，路在脚下

两炉禅香

这两炉禅香是我在禅堂中两次禅修的体会，禅七中痛彻心扉的腿痛、翻江倒海的思绪见诸一二。一次是第一次禅七的经历，一次是最近一次禅修经历。师父说，在禅堂里的禅七相当于在佛前烧的一炉长香，我将这两炉长香供养给大家，希望可以庄严诸位的禅堂。

第一炉禅香

二〇一二年的中秋节和国庆节相连，下次碰上这样两个节日在一起要等十九年。十九年是什么概念？是二百二十八次的阴晴圆缺，是六千八百四十多个日日夜夜。在这样特别的日子，我有幸前往终南山的千年古刹古观音禅寺打禅七。

我作为一个禅宗临济宗的弟子，说来很是惭愧。之前从来没有参过禅，从书本上了解的禅也是一知半解。什么是禅？什么是参禅？我带着一脑子问号，在九月三十号整理行装去寺院参加禅七。

刚到寺院，报名安单，报名的师兄给了我一件灰色的长褂，是出家人平时穿的衣服，穿法基本和居士的海青一致，要求穿上集结。我感到有些奇怪，但还是穿上了。不想这一穿就是七天，最后竟有些舍不得。

那日和许多道友一同在观音殿前，过了平生第一个在寺院过的中秋。那一晚，月亮如约而至，清澈透明地照在静谧的山脚下，来自全国各地的有缘人就这样汇聚在观音菩萨的庄严道场，和诸佛菩萨过了一个别样的中秋。

十月一日凌晨四点起床，开始了寺院生活。如同以往在别的寺院一样，在大雄宝殿做早课。所不同的是，这里的大雄宝殿还没有完工。早课毕，我们一行六十余人进入了向往的禅堂，开始了为期七天的精进。

第一日　混沌 不久前带台湾的法师来过寺院，被特别准许进入禅堂，坐过四十分钟的禅，因此对我而言，禅堂是有过一面之缘的。

第一天主要是讲规矩。一进禅堂才知道，原来佛寺的诸多规矩都来自禅堂。从走路开始学起，左手摆，右手甩。听起来这样简单的走路，我们竟都不会？

一起走浑水摸鱼也就罢了，单独叫出来，走得是不堪入目。走路这样一件稀松平常的事情，在这里竟如此难于协调。在随后的几天里，行香（在禅堂里行走）时，我时常打妄想（走神），看大家走路的姿势，有时竟觉得好笑，忍不住微笑。我曾经读过台湾作家蒋勋的一篇《行走的美学》，给我印象特别深刻。

走路姿势是非常有意思的。曾经在巴黎街头看法国人走路，也到过重庆的解放碑前看川妹子走路，东西方人走路是不同的。舞台上有台步，T台上有模特步，禅堂里当然也有禅步。佛经讲，我们是从各个道来到娑婆世界（人间）的，人在成为人以前有可能是动物，有可能是天人。我自从多年前看过那篇文章后，就喜欢观察人的行走，很多人在走路时带有明显的动物性特征。有的人走路像鸭子，摇摆不定；有的人走路像老鼠，左顾右盼，慌慌张张，因此有个成语叫獐头鼠目；有的人走路四平八稳，喜剧中的达官显贵出来踱方步，就是从唐朝的官步而来，这些人充满自信，步态笃定；有些人走路轻盈，步态里透出欢快，如小鹿绝尘：繁体字的尘字就是一个鹿跑过，扬起的尘土。我这个人就是这样难以调伏身心，总是爱打闲岔。

学完了走路学打坐。以往在家里早晚课都要打坐，到了禅堂，自以为几十分钟对我不算什么，哪成想只坐了一会儿就腿痛。先是胯骨痛得钻心，接下来是膝盖骨、髌骨，再后来整个腿没有一块骨头不痛的，身上的汗一阵阵地往外涌，我咬牙坚持着。

第一天才知道什么叫挂腿子座，一个人要坐得威仪，也是一件辛苦的事情。以前我们总是将自己胡乱塞在沙发中，如泥一样瘫软，实在是没有精神。

第一天讲了很多禅堂的规矩，也演练了数遍，我还是懵里懵懂。师父说在禅堂最重要的是随众，我就努力压抑着自己的好奇心，随大众，看样学样。

晚上分享时，一个师兄的手机突然响了，禅堂大众一致决定要将手机没收，禅堂是一个庄严的地方，不能被干扰。想想也对，我们花费这样的时间和精力，应该专注。想起法门之光，为了不让大家分神，可以认真听法师开示，在法堂放了干扰器，手机在那里只是一个钟表而已。

第二日　轻昏 在佛法中，将打坐时打瞌睡称为昏沉，昏沉又分轻重。平日里也打坐，原本想打坐于我来说不是问题，哪成想第二天我的昏沉到了无法抑制的地步。

早晨的早板香，我简直困得要死过去了。在行香时，再无心观察别人的走路姿势，一阵阵的困倦，令我步履蹒跚；师父偶尔拨人的香板从我身上滑过，我心里大声呼喊着，给我一记重重的香板吧，好赶走我的瞌睡虫。师父却听不到。当停下的香板落地，我恰好在佛龛的前面，左手边就是禅堂的大门，师父一边行香，一边讲着开示。那一刻的我，祈愿马上死掉。困倦让我无法站稳，巨大的困倦像一个无底的深渊，我像被龙卷风吸附着，不断向下坠落。意志拼命挣扎，想要挣脱，两种力量将我撕得粉碎。那一刻我感受到头要裂成千万亿片的痛。门外的自然光，灰白而清净，一种巨大的力量吸引着我，冲出去，冲出去，走吧，走吧。

我的思想激烈斗争着，混沌、疲惫、困倦让我的意识越来越模糊，我已经想好跑出去怎么走，回去一定要昏天黑地地睡它三天三夜，将我的困倦、疲乏补回来。就在我的意识越来越模糊时，一个噘着小嘴的孩子跑来说“日弄人”（陕西方言，骗人的意思），这一声雷嗔电怒，让我打了一个寒噤，清醒了许多。看清楚那是我的小外甥，外甥自小跟我长大，一直以来我都是他的骄傲。我突然感到非常羞愧，来时和外甥说，姨妈是最棒的，怎么没有结束就想当逃兵？以后有何面目做外甥的骄傲？巨大的惭愧心使我终于战胜了困倦。

我知道饭吃饱后，血液大量涌到胃部帮助消化，脑供血不足是我困倦的主要原因。在接下来的几天里，早餐我尽量只喝粥，不吃主食。第三天依旧在这炷香时有些困倦，到第四天我基本克服了早板香的困倦，并逐渐体会到禅悦的滋味，这里先不赘述。下面这段文字是下午我被关在禅堂外面，风雨中无处可去，回寮房写的：

原本此刻我应该在禅堂坐禅，因为报名做了洗杯子的义工，喝完茶我照例去洗杯子。这节（晚餐前）很怪，原本有六个洗杯子的义工，只有我一个出堂（出来）。在雨中我艰难地提着盛着杯笼的篮子，小心地照顾脚下。因为禅堂到大寮（吃饭的伙房）之间有台阶要下，且那台阶是随意垒的，很不规范，有些地方的砖已经滑动。

到水房开始洗了，还没有一个师兄来帮忙。我又一次返回禅堂，看人员杂沓，很多师兄忙着上净房，我取了洗杯子的海绵径自去洗。杯子已经洗了两天，往常都是我提杯子，从开水盆子里捞洗净的杯子。很多年前在汕头，发现那里再粗手笨脚的大老爷们，在喝茶的时候都手指灵巧，从滚烫的水中捞起小巧的杯子。我这几天也学着捞了，代价是我的指头被烫，指尖疼痛，有些毛茬，不过不打紧，这几日我又不抚琴，等过几日回去就好了。

洗好杯子，用开水一一烫过，当我艰难地提着杯笼回禅堂时，发现禅堂的门已经划上了。无可奈何，我将杯笼放在禅堂的门口。自己举着伞，先去绕了千年的银杏树，再绕了寺院的镇寺之宝，多头龙柏。雨越下越大，我的大褂下半部已经湿了，我就改绕大雄宝殿，走在大雄宝殿的屋檐下，一圈一圈地右绕，无意间看见一个在寺院发心的师兄，请他帮忙买手纸，供养在各个洗手间中。自从今年法门之光上和常老菩萨学了，我就时刻注意将我们常用的物品供养到寺院，解众人燃眉之急。

做完这些事，天已经全黑下来了，外面的风雨没有住的意思，看看离药石（晚饭）还有一会儿，不忍心浪费这时光，也不忍辜负我辛苦背来的小本子，就将我此刻的心情记下来。

原本带了笔记本电脑想每天写东西，可是每天从凌晨四点起床到晚上十点半养息（睡觉），没有片刻的暇余。我带来的梵文课本在我的小猪肚子（行李箱）里睡大觉。手机也是关机的，一切音信皆无，就安心打这个禅七吧。

听禅堂的法师说，禅七在禅宗道场是一个很大、很殊胜的法会。一九四九年前只有僧人才有资格参加，居士没有资格，更何况如我这般的女众。这次古观音禅寺的当家师悟宣法师慈悲，请了云居山真如禅寺的堂主，还有深圳弘法寺的堂主指导大家打七，实在是不容易。

此刻外面响起了叫香（吃饭的香板），我要去过堂了。中午因为洗澡没有过堂，此刻已经头晕眼花了。

这一天的坐香是度秒如年。腿痛得钻心，难得不痛的那一会儿又是妄想纷飞，将许久以前的事情都想起来了。当发现自己昏沉或者打妄想时，赶紧将自己的心神定住。一整天都在和妄想打仗，不是西风压倒东风，就是东风压倒西风。一整天的作战令自己的身体疲惫之极，晚上躺倒就睡，一夜竟然没有翻过身。第二天一大早，差铺（失眠）的师兄赞叹我，我只是笑笑。她哪里晓得我是疲惫到连翻身的力气都已经耗尽了。因为挂了止语的牌子，只好保持沉默。

第三日　逼榨　今天是第三天，首座和尚开示说禅七是和尚们对自己的考试，也就是逼榨自己。我也将自己逼榨得无处可逃。腿痛得无法言说，每一次解禁的木鱼对我来说都是特赦。今天的感觉是死去活来。

太佩服住禅堂的法师了，以后一定更加恭敬住禅堂的法师，他们是真正的修行者。咬牙坚持着，今天已经不像昨天那般难挨，尽管腰部的疼痛让我十分不自在，但是比起修行的重要性，这又算得了什么？

晚斋后回来加衣服，碰到当家师。师父可爱之极，问我怎样。原本止语，不敢不回师父的话，说还好，我会坚持。师父为了奖励我，说要给我一点好吃的，我不好意思，告诉师父明天随众一起吧。

此刻我最思念我的卫生间，这几天出了这个夏天几乎所有的汗，衣服一次次地湿了又干。我也一次次地在热闹中死去活来。刚才为了洗澡，中间满天星时，跑回宿舍取洗漱用品。回来时绕过禅堂，想去洗澡，不小心被师父抓回来，我最后一个进禅堂，差点被罚跪香。

这个叫作逼榨的日子最难过。这一天勉强克服了困倦的干扰，看来腿的疼痛确实刻骨铭心。我试着和腿对话，拜托它多坚持一会儿。比如我持咒的三遍、七遍、二十一遍……刚开始是管用的，到后来就不管用了。痛起来仿佛有千万亿个蚂蚁在我的关节处撕咬，还有无数只蚂蚁正在集结向我进发。那痛变成了热，从我的骶骨一点点传遍全身，汗一层层地涌出。衣服黏贴在身上，非常不舒服，我一遍一遍告诉自己要忍耐。

偷眼看去，其他人表情自若，我真的很不好意思，自己怎么这么娇气，告诉自己不可以这样。实在疼痛难忍时，悄悄地将盘着的双腿放下一会儿。为了不影响别人，轻手轻脚，休息一两分钟后，又乖乖地盘上，就这样周而复始，一炷香很快就过去了。

这一天最辛苦，疼痛的腿在每次行香时都是跛足的，原本以为里圈小，其实里圈行香的速度最快。我是一个吹毛求疵的人，总是喜欢观察禅堂的佛龛。当我没有力气时，最喜欢在里圈绕行，每一次都努力地看清楚佛的形象，佛陀的面容，争取一次记住一个地方，甚至看清楚了佛陀衣服上的纹饰。在一圈圈的行香中，我体会到了行香的魅力。

第一天行香时自己像一个陀螺，围绕着佛龛高速旋转，时常有挣脱束缚被甩出去的危险。我不断地调整自己，从看前面人的衣缝，改看前面人的足跟。这样时常踩到前面的人，后来矫枉过正，总想往里面倒。在里圈要注意不要碰到佛龛，不碰佛龛就时常碰外圈的人。我一直是协调性不够好，为了不被碰到就需要格外的小心。专心脚下也是修行，当脚下快的时候就没有时间和心情打妄想了。我不断地看着前行人的足跟，仿佛怎么也没有尽头。

“啪”的响板声，无论人在哪里，都要一声站定。禅堂里没有问讯，只有规矩，而且沿袭千年没有丝毫变动。我们既来之则安之，就依据规矩修行。

行香的人多，佛龛上很快就有灰了，我无法忍受，于是承担起打扫佛龛的工作，在头一炷香前淘好抹布，在午餐时抹布是半干的，正好用。用完再洗干净，晚餐时又用。几天打扫下来，已经很喜欢这个工作。前几日再去寺院，自然而然地又一次打扫。很多事都是一个习惯，习惯成自然。

这逼榨自己的日子如同炼狱，时常生不如死，因为有了前一天的逃遁想法，在死去活来之时，时常有不如归去的念头冒上来。当看到邻座纹丝不动的威仪，惭愧心还是战胜了自己。就这样一点点逼榨着自己。

第四日　蜕变　第四天自己好像慢慢适应了，腿痛已经能够承受，最痛的峰值已经过去。我也如同那毛毛虫，一点点地开始蜕变。坐禅时专注于持咒。大多数人是参师父教的“念佛是谁”，我一参就妄念纷飞。由于不久前接了秘法持咒，师父给了一天三千遍的功课，着实够我忙半天的。在这里只要可以突破自己，也顾不上参禅还是持咒，只要可以摄受身心即可。由于禅堂不能带手珠计数，我就用时间记，后来我索性不计了，只要提起念头就做功课。发现这个办法很好，没有时间打妄想，时间过得快起来了。尽管腰部以下疼痛万分，我可以不在意它，疼痛已经不能够影响我。实在痛得紧了，就妥协一下，腿也听话了不少，不是那么频繁地和我作对。

这一天我又一次被关在禅堂门外。午斋后吃茶，我被安排打水烫杯子，第一次打水回来，被禅堂的师兄直接要去泡茶了，只好再打，再打来的水倒了烫杯子，照例拿了空壶去打水，以备下次再用。一天六次吃茶，要六次洗杯子。我打水回来发现禅堂的门已经关了。我再一次被关在门外,无奈回寮房。

午斋后寮房坏了的门锁，被我不小心带上了，导致所有人都打不开，我只好找人帮忙修锁。里面的轴滑丝了，门外的把手又都掉了。应该安把新的，无奈有锁没有工具。我和坐在对面的老修行忙活了半天，勉强打开，找了胶布暂时将把手临时装上。寺院的门锁形同虚设，很多地方都是这样。法门寺安排了专门的义工看楼，这个建议我也要转给师父，以后这里禅七时一定要有楼长。只是这里打禅七的女众少，要坚持下来真不容易。

今天我坐得已经很好了。痛依然是痛，不过峰值已经过去。感觉到自己正在蜕变，我这样的“废铜烂铁”在禅堂这个大熔炉中得以淬炼。

刚才碰到陈阳妹妹，师父又说要拿些好吃的给我，实在是不好意思，我对吃的越来越没有兴趣，说还是随众吧。为了洗澡，今天早上四点起床，到此时一刻没得闲。赶快养息了（午休），为了不让自己昏沉，我吃得很少，不过不觉得饿。

晚餐后，还没有开始行香，突然停电了。停电没有影响我们的禅修，反倒因为多支烛光摇曳，禅堂更为庄严。

师父分享了一个他住山斗野猪的故事，觉得很有意思。野猪没有人的智慧，因此师父轻易就打败了猪群。我们也没有佛的智慧，不能臆断佛陀的教诲。

满天星（修行的一种经行）时胃痛，出了许多汗，末支香时，用力揉捏了足三里穴位。今天总共打了十一壶水。晚饭后打水为了节约时间，一边吃包子一边走，看来胃痛是喝了风了。忽然发现疼痛是一个很环保的取暖法，腿痛时，我仔细观察身体的变化，痛从膝盖骨、胯骨等地方一点点生起，我的周身开始一点点发热，就这么坚持和疼痛对峙着，痛感和酸胀一点点地消磨我的意志，逼我屈服。我就在这痛中一点点地发热，直到汗水一点点浸出来，这个自我取暖的办法可以用在这个冬天。

由于停电，寺院更加静谧。天空中没有月光，想来明天是阴天。这样的夜，除了修行我们还适合做什么呢？

第五日　清欢　这一天我终于战胜了自己，而且初步体会到禅悦。幼时读苏轼的词有一句“人间有味是清欢”，一直深刻地留在脑海中，这一日便是有味的清欢。

连续几日挨香板的早板香，没有一丝倦意，稳稳地坐下来了。那个监香的师兄由于连续几天赏我吃香板，我竟然记得他了。不过今天以后他再没有机会打我板子了。这一天的香坐得欢喜。也有不欢喜的。不知道谁可能解手来不及了，将大便解到了浴室，而且污染了两间。我屏住呼吸打扫，这是我平生第一次，真的是不容易。期间被恶臭熏得几次进去又出来，呕吐了几次。

因为有这次经历，我第三次被关在了禅堂门外。

关就关了，看还有一点时间，竟然洗了个澡。在寺院禅修洗澡是一件奢侈的事情。不是没水，就是师兄们个个想洗，不忍和大家争抢，也就只是简单洗漱一下了事。在寺院的时间飞快，想着还有两天就结束了，实在有很多不舍。

第六日　妙思 明天中午就要解七了，有许多不忍。今天是妙思，这几天禅七间歇，有一个关于观音寺LOGO的想法，是一片银杏树的黄叶，下面倒影一个甲骨文的心字，心字恰好可以做成两个打坐参禅的人，下面是五十三滴水组成的蓝色的心。黄色和蓝色合起来是绿色，是观世音菩萨的颜色。

我想将善缘水的设计及创意赠予师父，师父是真正用心办道的人，希望这个道场兴旺发达，可以度更多的有缘人，也祈愿佛菩萨可以成就我用艺术弘法的愿望。

晚上师父说不能欠账，我由于种种因缘，有三支香没有坐，因此自己罚跪一支香。晚斋时给师兄看父亲做的观音菩萨像，结果忘记关闭手机了，没想到手机飞行模式下闹铃依旧，在末支香刚坐上，晚课的铃声将我暴露，于是又在佛前跪了一支香。这支香跪得值得，还是欢喜。明天就要圆满了，有些依依不舍。

第七日　圆满 早上照例坐了两支香，也许是要解七，也许是不舍的缘故，香好像变短了，时间飞快。在和大众的分享中，我百感交集，分享了自己这几天的心路历程，几度哽咽地说不下去。

很多人说喜欢看我的文章，我一直说自己不会写文章，不过是用心在写，将感受一点点记录下来。写这些文字非常不易，有在奔驰的汽车上写的，有在修行的空隙写的，也有在乐闻轩中写的，最后部分完成于善法堂。

第二炉禅香

此刻坐在窗前，耳畔已经渐渐有了车水马龙之音，城市已经逐渐苏醒。慢拢记忆环顾周围，知道已经是在红尘中了。我决定趁着不太明朗的清晨，将我这次禅七做一个简单的梳理和回顾。

报名禅七时费了一些周折。禅七的时间在年里，要和父母协商。母亲出院不久，依旧不能下床，需要随时有人照顾，要和妹妹请假。说来惭愧，自母亲出院住到妹妹家后，我少了很多照顾母亲的时间和机会。虽说照顾父亲多些，大多也是父亲照顾我。父亲年迈，但身体和精神尚好，生活自理能力强。人老了大概都希望子女在身边，不论做什么，再怎么忙，我每日都抽空和他共同消磨一些时间。或一起吃顿饭，或帮他打扫一下房间，或给他准备一些水果。总之做些力所能及的事情，我们倒也欢喜自在。

禅七快到的时候我试着和他沟通过几次，老父开始有些不自在，但是找不到恰当的理由反对，僵持了一段时间。最后见我每日低眉顺目，也就勉强同意了。由于禅修要占用几个工作日，我也向我的工作伙伴申请了一番，她们皆是慈悲之人，也就同意了。

出发的日子天气阴霾混沌，仿佛是一个被浓雾浸润的草制锅盖，沉重不堪，随时有坍塌的危险。

因寺院的禅七需要一些点心，我和同伴先到就近的超市去买了。我也购买了盆子等生活必需品，我的洁癖作祟，每每都不能在洗漱这件事上马虎，上两次的盆子不见了，我再次执着着，暗想此次用后放好，下次继续用。

出来时发现天已经不堪重负，下起了肮脏的小雪，道路已经有些湿滑。尽管天色尚早，路上走亲访友的人还是络绎。好在我们背对着都市前行，走着走着路上的行人越来越少了。人少了，路却愈来愈滑了，我们小心地开着车。同修说车的油灯亮了，问有没有加油站。我知道沿途是有的，只是不确定这年节里是否开门。回答说有的，菩萨不会将你我丢到路上不管，放心吧。心里暗自思忖着，万一没有油，推车的话，我们两个小女子可是够呛，同修的车奇大且重。一边想一边在心中祈祷，祈愿菩萨加持，让我们尽快找到加油站。天遂人愿，在油即将用尽时，我们找到了加油站。

当终南山以一个极其模糊的身影出现时，我们终于快到了。沿环山路前行，天空中落着不紧不慢的雪花，路上的车也不多，偶尔划过身边的都是些走亲访友的，好像不似平日般焦急。欣赏着朦胧的终南山，心一下子敞亮了许多。自接触佛法以来，我对终南山有了难以割舍的迷恋。终南山的四季更迭深深地吸引着我不断探寻。每每走在终南山中，会有一股莫名的喜悦，巍巍终南千百年来成就了无数圣贤，我觉得自己正踏着圣贤的足迹前行。我纵然资质愚鲁难解佛法奥义，但是行走在他们身后，多少能感受到一些他们的磁场，受到一些庇护吧。

多年来一直怀着这样的心态行走在这座圣山中，我也确实从中受到很多的惠泽。那日在北京佛教协会怡学法师的书房，师父问我，西安好还是北京好，我脱口而出的是终南山好。

从主路转到寺院的专用道路上时，发现积雪覆盖的路上没有车辙，不远处一对父女在玩滑雪，那女孩显然对滑雪兴奋异常，一边跑一边笑着，大声叫着，惊得路旁草丛中的鸟雀一片惊起，四散纷飞。我们的车子小心地驶过，尽量不打扰这对欢愉的父女。驶过村子时，寺院前的几户人家好像还没有睡醒，家家大门紧闭，唯有寺院的大门敞开着，欢迎我们的到来。

这几年随着来寺院的次数增加，这里于我已经有家的亲切。回家总是令人愉快的，老远见到的人都互道着拜年的吉祥话，我卸下行李向客堂走去。

雪已经积了少许，走在雪地里，留下了清晰的足印。在客堂卸下点心，取了钥匙。师父特意用红色丝带拴了一个钥匙，在今后几日，这枚小小的钥匙会带给我温暖和期许。每每从禅袍的衣袋里捏着这枚钥匙，都让我有种踏实的感觉。

整理房间时，听到了隐约的梆子声，知道寺院的晚课要开始了。慌忙放下手中的活计，往大雄宝殿走。在大殿里磕了头，手托经本排班，那一刻感到大殿地上石头的凉气顺着足底往上蹿。不知道是鞋湿了还是大殿太冷，我怀念香港佛香讲堂的大殿。喜欢木地板，无论多么寒冷的天气，站到上面都不会感到寒凉。一会儿脚就像有许多小猫在咬，有些麻胀，心里暗暗想，以后有因缘定要建议师父，大殿用地暖或者木地板。虽说我们不以享受为责，但色身的苦受毕竟不利于修行。

妄想间晚课已经开始，适逢双日是诵我最喜欢的忏悔文。不知道从什么时候开始，我对佛教中的唱诵生起大喜悦和大欢喜心，忏悔文尤甚。每每念到南无阿弥陀佛时，一个头磕下去，心底的喜悦就一点点升腾，专注在晚课的诵念中忘记了一切，好像我从未离开。寺院的生活就这样开始了。

晚课后的养息时间里，我打扫了寮房。我在寺院的寮房是以前给寺院挂单的师父的僧寮，里面有一个小小的卫生间，这在山中的寺院是最奢侈的享受了。尽管后修的洗手间不时冒出恶劣的气味，我对这个洗手间还是充满感激的。在这阴冷的冬夜，不用出门去洗手间已经是幸福了。那天师父让我和同修搬去新修的禅院去住，我是不肯的。但是不忍辜负师父的美意，我们还是去看了一下。

那房间自然条件和设施很好。最让我欢喜的是，师父把昔日我书房的那幅“乐闻轩”挂在客厅中。看到那字，有些百感交集。那些在乐闻轩的散碎记忆一下涌了出来。谢过师父的好意，还是住在老地方。一是习惯，二是把好房子让给其他师兄吧。原本到寺院是来培福的，也就不要再舍自己的福了。回来和师兄说，我们要住到那排房子被拆时。那房子是临建，拆是早晚的事情，我就没有再动过搬房子的打算了。

前一天的雪，使寺院的生活通道上积了一些雪。这天的午斋后，我的一个工作就是清除积雪。我和同修从禅堂的大门开始清理，发现很多被人踩踏过的地方都已经有些滑了，加上气温低，已经冻得坚硬。很多地方用扫帚扫已经不起作用，必须用铁铲一点点地铲下来，后面的人马上扫掉才可以。我们配合很好，她先在前面扫掉浮雪，我再用铁铲将隐藏在下面坚硬的雪块撬下，之后她再清扫走，禅堂到斋堂的小路才清理了一半，我就已经大汗淋漓了。

这时寺院来了一个英国人，据说是一个全球五百强企业的CEO，他放下行李，换了行装就加入了我们。扫雪的人越来越多，大家很快将大雄宝殿、圆通殿等地方都清理出了生活通道。雪也似一个顽劣的孩子，和我们嬉戏，时大时小，到了下午养息结束的时间，基本不下了。

这天养息后我第一次进了禅堂。时隔一年再度进入，没有陌生感和时空感，行香时我很快就适应了，养息香（一个半小时）也坐得欢喜。当执事师父敲云板开禁时，我才如梦方醒。脸红红的，热辣辣的。刚才的禅坐让我很快进入状态，禅修时浑然忘我，不知道禅堂中还有别人，沉浸在淡淡的喜悦中，也许正是禅悦让我兴奋得两颊绯红。好在别人也都用功，不曾注意我。来寺院的第一天就在这淡淡的喜悦中度过了。

第一日　归位　从踏入寺院的那一刻，我的心就一同归位了。清晨四点三十分梆子一敲马上起床，穿戴整齐，先到圆通殿外给观音菩萨磕头，道早安，就去上早课了。

第一天的禅修主要是听师父开示，开示最主要的内容是告诉第一次禅修的人禅堂的规矩。自古以来禅堂里最大的是规矩。以前看禅宗公案时，时常被开悟禅师离经叛道的举动骇然。进了禅堂才知道，禅堂是不问讯、不顶礼的。在正规的禅堂，据说出家师父学规矩要学三个月之久。我们四众修行，也就用了大约一个上午的时间。好在有很多人是多次参加过禅七的老参，规矩是知道的。不知道的随众，凡事依样画葫芦就是了，在禅修中学习。

讲完规矩是分派公事。由于我勉强算是老参，以往也做过茶头，所以这次师父点名要我做茶头，心里还是有些惶恐。我是那种随用随学，不用就忘的人。师父点名让示范时，我头脑一片空白。以前我专事散杯子（发杯子），这个规矩基本知道。但是让我看茶一时有些懵，竟然忘记了茶壶口不能对人的大忌，给师父倒茶示范竟然茶壶口对师父，师父说了我才意识到。

第一次行茶很是狼狈，很多师兄吃茶也吃得磕磕绊绊。禅堂里的禅茶一味，是要修行人专注在吃茶上，一面补充水分，还有很深的一层意思是，透过茶性或提神，或消渴。茶在禅堂的助道位置是不容撼动的，禅宗的赵州禅师以一句“吃茶去”，不晓得接引了多少有缘人。喜欢读书的我，喜欢虚云老和尚的开悟故事，总是在行堂时希望有一个人因为茶水无意间倒到手上，烫得失手打碎了茶杯，在那一声清脆的爆裂声中虚空粉碎。然而遗憾的是，以后的行堂我总在打这个妄想，却没有一个人将茶杯打掉。写到此处，我也觉得好笑。虚云老和尚从十八岁出家，历经磨难，在五十七岁才在高旻寺的禅堂开悟。凭什么我等这般粗俗愚鲁之人就这么便宜地开悟？真真是痴人说梦罢了。

禅堂里每天有五次茶水供应，分别是早上十点钟吃点心时，要有专门的茶头负责散点心和倒茶；午饭后一点有一次午板香吃茶；下午两点一刻有一次吃水果，也有水供应；下午养息结束，五点四十五有一次吃茶；晚餐七点半最后一次供水，供应的是白茶（白开水）。一天五次茶水，一个禅堂中八磅的水壶需要十三壶到十五壶（冬季），夏季需要的多些，大约是二十壶左右。

在后面的禅修中，我每天还有一个工作是提水，七天中只有九壶水是不同的师兄在不同的时间帮我提，其余都是我利用别人打抽解（禅堂语，即去洗手间的时间）打的。禅堂只有五个壶，其中一个还被一同来修行的英国人借去了三天。为了保证茶水的温度，我必须保证水随用随打，随打随用。因此每次开禁后我都会以最快的速度穿梭在禅堂和水房之间，那条被踩得有些湿滑的小路留下最多的恐怕是我的足印。第一次禅修时就是因为一次打水晚了，少坐了一支香，令我的禅修未能圆满。此次没有公事耽搁时间，我圆满地坐完了每一支香。

早板香时有片刻的混沌，好在只是一下就过去了。禅修的第一天就在学规矩、演练规矩中度过了。尽管有些磕磕绊绊，总算是平稳度过了。躺到床上时已经十一点，回想着白天的种种，我很快进入梦乡。

第二日　轻昏　禅修的第二日清晨，梆子一响我就下床了。寺院的房间没有暖气，为了怕寺院的电不能负荷，我们房间的电暖气也不曾开。这样房间就和外面的温度近似，早晨起床必须一鼓作气，否则，离开热被窝是一件多么困难的事情呀。平日家里有地暖，我的房间温度都在二十七八度的样子，没有丝毫寒意。在寺院我不断地告诉自己，不可以迟到。不论多辛苦，都坚持做早课。我认为这是住到寺院必须的操守，否则，来寺院做什么？

也许是昨天铲雪太过倦乏，也许是才来不适应，我在早上禅堂开示时困得要死。早上开示是在禅堂里行禅之后，站在禅堂里听的，我刚开始还行，听着听着困倦就如同潮水将我淹没，听开示时眼睛是可以闭气的。禅堂不允许东张西望，一般眼睛是垂帘，开三分关七分。我那时眼皮有千斤重，怎么也睁不开。第一次禅修也是这昏沉折磨得我死去活来，有一次在佛龛前开示，我困倦得只想倒地而亡。那时觉得死掉大概比那一刻舒服，还有几次我差点在那一刻夺门而逃，还好我忍耐了下来。今天这样的困倦再次来袭，我拼命和自己的困倦作着殊死搏斗，暗暗地掐自己，无奈穿得太厚，掐不痛。后来想那个时间最多也就是几分钟，但是那几分钟我却像过了很长时间。我在心里拼命地持诵大悲咒，祈愿大慈大悲的观世音菩萨救我。刚开始一遍大悲咒持诵不完，我已经被困倦打倒在地，心中的那个我重披铠甲再度上场，在一轮一轮的战争中，我终于战胜了自己。

很奇怪，每次禅修的困倦大约都在我平日家中晨起诵经的时刻。不知道为什么，仅仅是因为生物钟的混乱吗？好像还不是。

那日早板香结束，打水路过圆通殿给观音菩萨顶礼，祈愿菩萨让我度过此关。并发愿在禅修期间每天来顶礼菩萨，请菩萨加持。果然在随后的第三天，也有一小会儿的困倦后，但很快过去了。我再无困倦的困扰，再一次战胜了自己。

第三日　清欢　禅修进入第三天，我也进入了最佳状态。禅悦在心中一点点生起，每支香都坐得挺好。时常感觉刚上座就开禁了，常常有些不忍离座。师父开示不能着境，我也就随众行行坐坐，倒也欢喜。这一天的香觉得特别短，时常在止静后马上可以进入状态，禅堂中仿佛一切都不存在了，只有自己。我专注在自己的念头上，认真地追寻着，思忖着。师父开示德山禅师在龙潭脚下，被老婆婆的“过去心不可得，现在心不可得，未来心不可得，敢问仁者您要的是哪一点心”诘难，无明起处，依旧是云深不知处。我想我若是德山禅师，大概那一刻应该回答“无明起处一点心吧”。

学佛初期看到《阿含经》中“无明起处，爱缘不断，又复受身”，给自己起名为无明，期盼着无明终能明。一句“念佛是谁”在我的起心动念处翻江倒海，跌宕起伏，这一天的禅修让人欢愉。

第四日　惊异　禅修已经渐入佳境，禅堂中的气氛已经逐渐走向正轨。这天中午的午板香时，竟然有人在禅堂外叫师父。禅堂中规矩最大，禅堂分内外两层，禅修时两层大门都要落锁，也就是所有禅修的人都是被反锁在禅堂中的。而且禅堂是独立的院子，在院门口立着“请勿打扰”的牌子。常言道，宁搅千江水，不扰道人心，谁这样大胆？

我因为坐在禅堂的南面，加上那时在用功，没有听真切是谁，后来见面才知道，是寺院一个大护法居士。因为那天禅修中，突然省长先生带领民宗局、宗教局一班领导到访。在打抽解的时间我见到了这些人，其中一个秘书长向我咨询了禅七的原因：“为什么是禅七，不是禅八？”我给他做了简短的诠释，他比较满意地走了。因为这些不速之客，这天显得有些不同。也许是惯常见一些领导，我倒不觉得有什么，他们走后我依旧回到我的修行中，追寻心灵深处无明起处的那一点心。

第五日　自在　禅堂内，禅修进入最自在的状态，行香、跑香，行得大汗淋漓，欢畅无比。禅堂外大雪纷纷，在禅修的第二天，我向观音菩萨祈请，好好下上三天雪吧。这个冬天我们的城市干燥了整整一冬，混杂着雾霾的空气令病菌肆虐。十二月由于母亲住院，我一个月在医院度过，医院里人满为患，人们痛苦不堪。地里的庄稼已经濒临死亡，在焦渴地呻吟。我们的国度一直是农业大国，至今很多农人还是靠天吃饭，所以我至诚地祈祷。也许是因为在观音菩萨的吉祥之地，菩萨听到了我的祈请，禅修第三天果然普降瑞雪。第四天停了一天，第五天和第六天又连续下了两天好雪，寺院的青青翠竹都被压弯了腰。

我从第五天开始有一个很重要的工作，就是替这些翠竹减负，抖落它们的一身霜雪，让它们再度傲雪伫立。到寺院的第二天，为保证禅修的专注，大家决定将手机上交寺院保管。我是此项行动的监督执行人，当然需要带头。由于没有手机看不成时间，从第二天开始，下午的一个半小时养息时间，我最多可以休息二十分钟，好在我休息的质量非常高，一直没有困倦。所以除了打扫房间、打水之外，我又有了许多时间，这场大雪又给我了些意外的工作，我在翠竹间穿行，将它们的雪抖落，在抖落它们的同时，我也忆起儿时的快乐。那天我和同修竟然在放生池前，开了一场小小的雪仗，体会到来自运动的痛快。

第六日　安然 禅修结束在即，我倍加珍惜每支香，想把禅修的每时每刻印在脑海中。告诉自己在兹念兹，安住当下，不辜负这得之不易的每一天。

就在这天的养息香上，我的左眼拼命地抽搐，怎么也止不住，我本能地感觉到家人可能有问题了，后来证明我的感觉是对的。手机交了还不能拿，告诉自己既来之则安之，不要破坏禅修的规矩。

第七日　圆满 禅修第七日圆满之日，禅师在禅堂考功，一支支香板落下，一片寂静，没有开悟是意料中的。禅七就在这寂静中落下了帷幕。

在禅寺有起七，自然有解七。解七是一件比较隆重的事情，类似过年的普茶。何况此次禅修本身就在年下，普茶会也就显得热闹。在斋堂中围起桌子，同修们都争相讲自己的禅修体悟。三年前我第一次禅修结束后也是这般的激动，讲到情深处泣不成声，引得众人唏嘘。今时今日我已经平复身心，在每一个呼吸间感受当下的分分秒秒，努力认真地谛听。

即将过堂时，师父点了我的名字，要我和大家分享，如果我不说，大家都不能吃饭。责任重大，又不忍打扰大家午斋，我讲了八个字“在兹念兹，恪守本分”。这八个字是我此次禅修的深刻体会。既是修行人，来寺院修行，在修行的当下每分每秒用于关注我的心，随时看住身心，大概就是不辜负我的禅修时光吧。

去岁有因缘到无锡的道德基金讲堂和众人分享，我当时讲了八个字“认识自己，恪守本分”。这是我第二次禅修的体会，我们因为不认识自己，妄想淹没了我们的觉性。肤浅得肆意妄为，让自己不断地沉沦。只有认识自己的人才能回来做自己，知道自己的本分。今日我才知道恪守本分是多么重要，我们经常在不觉察的时刻丢掉了本分。正是因为不认识自己才被执着妄想分别迷障，看不见自己的本来面目。佛陀在证悟的那一刻已经将此讲得清清楚楚、明明白白。

从禅堂回到红尘中，我们依然要过自己的生活。在生活中抱有一颗清净心不被染着，守住本分才是我们今生不能解的禅七。

禅

许多人问我关于禅的问题，我学佛日浅，不敢妄谈。被问得紧了，将自己的一点心得供养给大家，祈愿众生欢喜。

上周在上海出差，突然接到一个朋友的电话，让我讲“禅茶一味”。事出突然，加上在高速公路上行驶，信号不是很好。我推荐了一个朋友讲茶，回来听说因为时间冲突，也没能让朋友如愿，我心里一直有些惴惴。

时下有很多人喜欢这个话题，诸佛菩萨慈悲，也就恒顺众生，今日暂且来说禅，意为抛砖引玉，希望更多有识之士来讨论。

什么是禅？不大好讲。自古以来禅都是这十六个字为定义：不立文字、教外别传、直指人心、见性成佛。禅是“禅那”的简称，梵语的音译，也有译为“弃恶”或“功德丛林”者，其意译为“思维修”或“静虑”，是一种修持方法，其中有祖师禅与佛祖禅的区别。

现在我们说的基本上是由达摩祖师传到中国的祖师禅，也是人们普遍受益的生活禅。到底禅是什么？分享一些古代贤达的妙答。

有人问大龙智洪禅师：“什么是微妙的禅？”智洪禅师回答：“风送水声来枕畔，月移山影到窗前。”空中，梧桐落叶飘零；眼前，萧瑟秋花凝霜。

一位秀才问赵州禅师：“此情此景，如何感悟人生？”赵州禅师淡淡地说：“不雨花犹落，无风絮自飞。”

投子大同禅师与嵇山章禅师在室外品茶。大同禅师指着茶杯中倒映的青山绿树、蓝天白云说：“森罗万象，都在里边。”章禅师将茶水泼在地上，然后问：“森罗万象，在什么地方？”大同禅师说：“可惜了一杯茶。”这就是禅，禅者的态度，禅者的智慧。

一位禅僧向赵州禅师请教：“怎样参禅才能开悟？”百岁高龄的老赵州像是有什么急事，匆匆忙忙站立起来，边向外边走去边说：“对不起，我现在不能告诉你，因为我内急。”刚走到门口，赵州禅师忽然又停止了脚步，扭头对禅僧说：“你看，老僧一把年纪了，又被人称为古佛，可是，撒尿这么一点小事，还必须亲自去，无法找到任何人代替。”

禅僧恍然大悟：禅是一种境界，一种体验，如人饮水，冷暖自知。禅的感悟，是别人无法替代的，想要知道梨子的滋味，你必须自己亲口尝一尝。

什么是禅？对佛法有研究的人都知道，这个题目很难回答，因为禅是不能讲的。禅的境界是言语道断，心行处灭，与思维言说的层次不同。但是，“妙高顶上，不可言传；第二峰头，略容话会”。为了把禅的境界介绍给大家，仍然要借言语来说明。

现代社会物质生活奢侈浮华，有不少人感到生活空虚，精神焦虑，苦痛倍增。所以，这个能解决生命问题，提高生命境界的禅学，才在世界各地、社会各界引起重视。禅可以启发我们的心智，引导我们进入更超脱的自由世界。

皈依

此刻已过子夜，柔和温暖的房间，飘散着淡淡的野菊花的清香。刚洗过的头发还珠泪斑驳，身体轻松自在地想要飞翔。怎么也没有办法睡着，索性将今天的点滴记录下来。

从清幽的朝阳禅寺到佛光山的祖庭大觉寺，从江苏的巴城到苏州的桃园度假村，见到的人也从师父、师姐、师兄这些修行人转到奥运冠军、艺术家、商业成功人士、台湾著名音乐人等。

早上依旧是闻鸡起舞，这么早起床，也只有在寺院的时日可以做到。过了早堂，和来自全国各地的居士，一同乘车去了佛光山的祖庭——大觉寺，这是师父星云大师七十年前出家的寺院，而今是在世界各地遍地开花的佛光人的祖庭。开山师祖在七十年前，由于生活所迫和一句孩童的戏言，成就了当代一位伟大高僧。

在神圣庄严的观音殿，随喜两位师妹参加了佛光祖庭的第一届皈依仪式，有幸成为临济宗第四十九代俗家弟子。师父是临济宗第四十八代传人，师父的法脉传给了我们，我们感到肩上责任重大。佛陀住世传法四十九年，成就了佛法的千年辉煌。师父的法脉传到我们，也是第四十九代，仿佛是佛陀给了我们特别的使命。作为佛光人，慈悲喜舍遍法界，就是佛陀和师父给我的使命。

在滴水坊见到了师父。法喜和荣耀令随行数度哽咽，激动和惊喜让我涨红了脸，结结巴巴将此行的情况汇报给了师父。见到了容师父、碧霞师姑、耕师父、林青师姐等久远的师长，还见到了分别两个月的大师兄。晚上随同大师兄见了前奥运会冠军，以及冠军伟大慈祥的母亲，还有台湾的著名音乐人，还有许多朋友。

晚上坐在这光线柔和的房舍中，静谧的空间里，细细回味这终生难忘的一日，恍如隔世，大有“山中只一日，世上已千年”的感觉。

传奇比丘尼

联系了很长时间，却一直没见面的一位比丘尼师父，今天终于见到了，对她的采访也拉开了《佛缘》的序幕。受师父委托，发心写一本关于正信佛法的书，现在开始写“出家师父卷”。原本佛法有很多不问的规矩，但是要了解出家人出家的因缘、出家后的感受等很多令师父难堪的问题，不得不问出口。还好师父是豁达之人，悲悯众生随业流转，还是将她出家的因缘讲给我听。听后实在是令我动容。

师父年少聪颖，十九岁就毕业于清华大学，而且是别人不敢轻易问津的哲学系。去年我给一个企业讲课时，讲过哲学的两元性和佛法的圆融不二。今天从师父口中再度感受到哲学和佛学的迥异，甚为受益。

师父住持的慈悲莲舍是一个占地仅四亩的小比丘尼寺院，目前住着十名出家人，除了三名年轻的师父外，大多是一些年迈的老比丘尼师父。在这里剃度出家的尼师，八年中竟然有三十名之多，现在年轻的尼师大多在外读书，分布在全国多个佛学院，还有几个在新加坡留学。师父来陕西八年，很少涉足红尘。主要是受持她师父的训诫，少看，少说。师父饱读经书，学富五车，加之在海外受过正规教育，总想为今天佛教改革做点事。想要做一个改革者，在当今中国，即使三界外也是步履维艰。然师父凭着一颗赤诚的佛心，一直默默地坚持着。

师父的出家因缘很是有趣。师父在大学即将毕业时听了一个老师父的课，对佛法产生了好感，在出校门迈入滚滚红尘生活仅两个月之后，面对老师父一次次的求贤若渴，当老师父第七次来找她时，她抱着好奇、慈悲老师父的心态，就懵懵懂懂地出了家，这一走就是十六年。十六年对一个曾经花季的少女意味着什么？十六载的寒来暑往，清贫的修道生活，投射在师父的面上，是慈悲平和的笑容。师父极注重僧才的素质和质量。而现在一些教界法师，对徒弟约束不严，大开慈悲之门，接纳了很多业力凡夫僧。这些人抱着种种目的出家，到了寺院新鲜感过后，头脑空空，发现寺院并非世外桃源，一些习气、毛病就逐一显现，让自己和他人都不欢喜。

师父收养了四个孤儿，两个稍大些的送出去读书了。她们自小都是弃婴，那个小些的是一个重度唇腭裂的孩子，目前师父已经为她做了两次手术。这样小小的一个孩子，在她来到寺院前，已经饱受了社会上的凌辱，曾经流转在人贩子和一些所谓的出家师父手中，很多人将她的伤痛作为敛财的道具。她两年前来到寺院，目前由寺院供养在寺院旁边的小学读一年级。

这样小的孩子，会问师父:“师爷，为什么别人有父母，我没有父母？”“为什么居士们懂因果还要去犯因果？”她的很多问题十分尖锐，常常让人不好作答。师父说，尽管这个孩子来了两年了，然她还没有将这个孩子调伏。孩子平日里欺负师父们的慈悲，在寺院中除了智宏师父管得了她，没有人能够管她。师父一直看着她，她还好些，师父一外出，她的功课就一落千丈。师父说这是一个极聪明的孩子，也许是幼年的经历在她心灵中留下的伤害太多了，到今天她还不能够释怀。她眼中有对这个社会太多的不信任。我隐隐地有些担心，祈祷她可以在师父的看护下平静地成长，不要再被人打扰，给她一点愈合心灵的时间。

另外一个看起来大些的是一个智障的孩子，自小被遗弃在寺院门前。也许她就是师父修道的助缘，诸佛菩萨派她这样的人来成就师父。

师父的另外一个弟子是善学尼师，出家六年。出家前从哈尔滨警官学校刑事专业毕业，她昔日的同学、战友基本供职于防暴队、安全厅等要害部门。在即将毕业时和师父结缘，毕业后发愿和师父出家，目前佛学院毕业，随侍师父左右，帮助师父胼手胝足地建立慈悲莲舍。问及过去，善学尼师淡然一笑，说那都是很久远的事了。像她这样的出家人，师父身边还有几位。

眉清目秀的沙弥尼善通师，从我第一眼见到她就心生怜惜。白皙细腻的肌肤，细眉合眼的长相，一下让我想起曹寅笔下的伶人，那样的乖巧。见面总是笑，不肯多言半句。趁着照相的当儿，我悄悄拉她来问话，知道她只有十八岁，出家已经半年多了。目前在大寮（厨房）工作，再问她就不肯说了，只是低眉浅笑。是什么样的境遇使她出家？找个机会一定要问问。碰上我这样一个执着之人，恐怕秘密将不日揭晓。

师父八年前来到这个废弃的寺院，足不出户，凭自己的如如道心，感动了旁边乡村的居士，在善因善缘下，默默守望着这份如来家业。期盼着我的只言片语，让那迷茫的人们，睁开昏昧的双眼，看看这世上还有这样的修道之人，她们默默无闻，无怨无悔。她们做到了我们做不到的事情，在她们面前，我们难道不应该心生惭愧吗？

出坡培福

人们习惯称星期天为休息日，我今日也享受了一天的休息。过去的一周每天都是超负荷运转，周六送走最后一拨客人已经快到子夜。头痛得厉害，勉强收拾了一下房间就昏昏睡去。

今晨阳光灿烂，洒扫屋子后，坐在佛前弹琴。琴是在周四下午短短的时间买的。也许是有缘，这张琴是师兄帮别人挑选的礼物之一，因我的要求较高，师兄发现后告诉了我。我没有停歇，急忙跑去一听，果然音色尚可。现在人浮于事，连制琴的人也是急功近利，很多琴音色干涩，声音晦暗。这张在目前的市场上也算难得。回来支在佛堂，将儿时隐约记的谱子一一弹出，仿佛这二十多年琴从未离开过我，还是那样熟悉和亲切。

我七岁时拜了当时落魄的古筝大家周延甲老师做先生，一学七年。终因我操琴过度，手臂受伤而不得不放弃。这一弃竟是二十五年，去年有缘见到先生，被问及实在是惭愧。去年因忙于客家人的恳亲大会，也一直没有顾上买琴，一日得遇，急忙请回。

琴谱摆上，想弹的竟然是《寒鸦戏水》，当初教这支曲子的高自成大师已经驾鹤西去，据说他的小遥指绝技已成绝响，心中一时无限惆怅，幼年学琴的点点滴滴涌上心头。我现在只能虔诚地为老师弹奏一曲，愿老师安息。

早春的春意已经萌发，环山路上的行道树已经有了丝丝黄绿，春天已经走近了。养生学认为春天属木，是植物萌发根系和末梢的时节，这个时节是种树的好时光。

周五早上带领西安市政府公务员去草堂寺植树，一行十八人，竟种了九十余棵树。种树后又一次去慈悲莲舍探望了小行缘，孩子已经五十多天了，也逐渐适应了寺院的生活，师父说基本上有了规律。孩子明显比前几次大了些，脸色也白里透红得越发可爱了，大家看她，她也很配合，时不时地展颜欢笑。同行的大姐，看到这个可爱的如同孙子一般大的孩子，怜惜得舍不得放手，走时在孩子的小棉袄中塞了些奶粉钱。香港的一位大德，走时还亲了亲这个小宝贝。大家为她留下的不仅是金钱，还有深深的祝福。

我看到这里，心中有些着急。下周要赶快和公益基金会谈这个孩子的助养问题。要在水滴学堂中倡导大家，每人每月五元钱，助养这个孩子到她十八岁。五元钱在当今社会不算什么。每人每月节省五元就可以救助这样一个孩子，如果将来基金充裕，不仅可以用于她的教育，还可以救助和她一样命运的孩子。

人来到世界上，从生到死，数十年岁月寒暑，也只是经过而已。对于过客的人生，有的人活得认真，有的人活得随缘。在匆匆的生命中，我们能为人间留下些超越匆匆忙忙的纪念吗？

我们能。本周水滴学堂倡导大家去草堂寺植树。周六上午，水滴学堂组织的草堂寺植树活动如期举行，七十多人参加，人们在草堂寺的藏经楼东边，种下了近千棵梅花树，还在梅树旁种下了桂花树和秋海棠，相约在今年八月丹桂飘香的时节，到寺院赏月。坐在观音阁中，聆听蝉唱蛙鸣，清风送爽，幽香袭人，定然妙不可言。

能够在殊胜的道场草堂寺种树，我们用这种方式为自己留下永生的纪念，也为我们自己出坡培福。期许我们的善举可以荫及子孙，让大家在劳动中获得喜乐。

耕种福田

一路走来，山由远及近，层叠含翠，环山公路笔直宽阔，窗外的景致有晚秋的肃穆之美，远处雾霭中青山如黛。由于中途去取树苗，进山时已经晌午。早晨的灰霾，已经在冬日的阳光下，逐渐退去。

云蒸霞蔚中，我们上了终南山。去年为清华大学国学班做“终南修道”时，走的是秦岭北坡，现在开辟福田事业是在秦岭西坡，终南古镇的西边。这边的山没有秦岭北坡险峻，却比秦岭北坡多了几分亲和力。山间散落的一些民居，让人感觉温暖。一进山，就有山中的精灵来欢迎我们，成双的喜鹊在我们的车前飞舞。

离着寺院老远，就看到寺院的小狗迫不及待地欢迎我们。我们的到来让它激动得不知道如果是好，跑前跑后地忙碌不停。一行人给师父见过礼，就开始兵分两路。男士分派种树，女士中分出几个人，协助寺院的居士婆婆为大家埋锅造饭。

这一行十六人开始了第一次的福田耕种。我们为清凉寺种下了七棵黄金桂、七棵梅花、四棵腊梅。种下我们的爱心，期许着大雪纷飞的隆冬，腊梅可以为十方含雪吐蕊，送去一缕清香；早春时节，梅花可以伴随暮鼓晨钟，为师父送去沁人心脾的幽香一缕；金秋时节，满树的桂花，树下品茗，期许有一粒香甜飘下。

院中的土地，前些年建设留下了太多建筑垃圾，加上山中岩石颇多，挖得很辛苦，将可以用的工具都用上了。后来不知是谁找来了斧头，我的坑大多是用斧头劈开的。王总团队中的男士发挥了巨大作用，有他们的举铲挥锄，树种得很顺利。种树接近尾声时，发现通向黑凤泉的取水之路坡陡路滑，又分出一队人马修路。这样用砖修的台阶，下雪天会让师父们感觉到方便些。

我们用劳动供养了寺院。劳动结束后，师父带我们游览了寺院各处，供养大家禅茶，并为大家做了开示。相信这福田的第一次耕种，也在大家的心里播下了菩提种子，这种子会在福田中，生根，发芽。

观音禅院

三年前，我受师父委托了解陕西佛教现状，开始走进佛教圣地巍巍终南。我们现在所说的终南山主要指沿环山公路的秦岭北麓七十二道峪。什么是峪？老人们说，峪就是可以走通的山谷。终南山北麓的这些峪里，最为熟悉的是沣峪，因为穿过沣峪就可以到秦岭南麓。

天下修道，终南为冠。洋洋秦岭，巍巍终南，关中南屏，数百里群山，叠峰邃谷，博大深远，山青水秀，幽静爽馨，地广人稀，空气清新。其间公路网布，交通极为方便，是关中地区天赐的避暑游览胜地。终南山众多风景名胜中，以沣峪口的景色最为旖旎，观音禅院就位于沣峪口内三公里处。

在山巅之上，八峰环绕之处，屹立着一尊汉白玉的观音菩萨，通高十八米，为三面观音菩萨，是现在西北最大的汉白玉观音菩萨塑像。佛法说："八瓣莲花盛开的地方，就是观音菩萨的道场。"终南山观音禅院就是一个观世音菩萨的道场。

第一次走进观音禅院是在三年前的隆冬时节。那天有一个师姐说要带我去参加一个火供仪式。火供是佛教的一个特别仪式，举办时间一般在晚上，目的是为了超度地狱、饿鬼道的生灵，多在藏地举办，内地很少见。抱着好奇心，在一个寒冷的夜晚，我踏进了终南山观音禅院。从此和这里的方丈果宣大师结下了不解之缘。

在此之前，我就听说过果宣大师，那时只知道大师在乾县弥陀寺收养了很多孤儿，是一个孩子王。由于因缘不具，那时没有深究，但是果宣法师是一个富有爱心的人已经给我留下很深的印象。

第一次见面是在庄严的火供法会上，没有机会和法师交流，只是匆匆一面，师父给我的感觉是威严。在火供仪式上，师父字正腔圆的偈颂，富有极强的穿透力，我的心一下子被摄受。法会结束，我追着大师忙碌的脚步问个不停，师父始终面带微笑给我解答。

第二次见面是火供的半年之后。一个艳阳高照的午后，我和一个来陕参访的比丘尼法师一起去拜访师父。在观音阁中，两位尼师一见如故，欢喜地探讨弘法利生的如来家业。师父说："要想佛法兴，除非僧护僧。"那一刻她对年轻尼师的爱护，对弘法事业的担当，让我看到了大师的风范。

和果宣法师的进一步交往，因缘是慈爱学校。在一个闲适的日子，我和朋友在没有准备的情况下，去了乾县的弥陀寺。在寺院稍事停留后，我独自去了慈爱学校。先在教室外转了转，随后在操场上和一个老师聊了很久，从那里我了解到一个真实的、立体的果宣大师。

三十年前，果宣大师凭着一颗真心，以不为自己求安乐、但愿众生得离苦的菩提心，一路披荆斩棘，胼手胝足，在荒蛮的乾县阳洪乡的黄土高坡上，靠人力一锹土、一担泥，建立了今天的弥陀寺。弥陀寺旁是没有靠国家一分钱，由师父独立支撑了二十余年的慈爱学校。

师父出家没有多久，老法师圆寂了。留给法师的是两孔破窑洞和二十余个没有爹妈的孩子。面对这些无辜的孩子，做过母亲的果宣法师，恨不能将自己的血肉化作饭食供养这些孩子。孩子们没有吃穿，果宣法师凭着自己出家前的医术，给寺院周围的乡亲们看病，不为钱，只为给孩子们一口饭。没有房子，自己造。师父凭着一张处方，让老百姓帮她拉走一车土，以愚公移山的精神，硬是在黄土高原上挖出一片平地。去过弥陀寺的人都知道，那里的寺院空间很有限，而且是呈阶梯状建的。没有饭吃不要紧，师父带领孩子们开荒，效法百丈禅师，一日不做，一日不食。

就这样一路农禅并重地走来，如今慈爱学校的孩子们毕业了一届又一届，这个工作的习惯一直保留着。孩子们除了在慈爱学校学习九年义务教育的文化课，高年级的孩子还必须参加农业劳动。今天观音禅院、弥陀寺、安国寺吃的粮食都是在弥陀寺种的，吃的菜也都是自己种的。

熟悉果宣法师的人都知道，师父是美食家。师父做的辣椒酱、橄榄菜，腌制的萝卜干、莴笋，都是上等的妙味。师父的斋菜斋饭更是让人入口难忘。很多人到了师父那里会不由自主地吃多，经常不觉间从饱饱变成撑撑。常言道，佛家的碗千斤重，有缘无分端不动。师父以一颗母亲疼爱孩子的心，用妙药度化众生，希望众生都以欢喜心与佛结缘。

欲令入佛智，先以欲钩牵，师父一直效法佛陀，观机逗教。正如《观世音菩萨普门品》所说，应以什么身得度，就现什么身说法。为了观世音菩萨，师父毅然决然地放下弥陀寺，只身带着一个法师、一个居士来到了观音禅院。第一天没有吃的，别人只给了两个馒头，师父和着沣河的涧水吞下；没有住的，因为有大佛，师父们在佛旁用凳子支起几块板住下，为的是有佛在。

师父来到终南山观音禅院四年多来，一如在弥陀寺，没有一天松懈放逸。师父每天除了繁忙的寺务，依然读书不倦。每天师父规定自己写三百句法语禅句，供养有情大众。到过观音禅院观音阁的人都知道，师父的观音阁有一个像算命的签一样的小纸卷，礼佛后，可以抽取一个。很多好奇的人以为是算命的签条，却原来是师父和众人结缘的法语禅句。很多人因为师父的一句话，改变了人生的态度，使自己走上了幸福的康庄大道。

佛说，一些法皆是佛法。师父把佛法运用于当下，随时随地教化身边的徒众，广结善缘。

用写小纸条的供养布施，师父修建了静心小院。要让来佛寺的人带着期许心来，带着欢喜心去。让愿意留下来的人，可以在佛寺小住，安住那一颗狂乱的心，歇下尘劳，借着佛寺的宁静，看到自己的本心。

作为师父的徒众，我时常劝师父停下脚步，看到师父忙碌的身影，心中有无尽的不忍。然师父总是笑着说："这些是她的事，她一定要做完。不然一刻无常来临，又将这些丢给谁呢？"常劝师父不要盖这么多房子，师父总说要让大家可以来得了，住得下。只有住下了才能够真的安住身心，品出真如妙味。问师父为什么，回答总是简单的几个字：佛说众生欢喜佛欢喜。

师父说，她在出家时，老法师告诉她，要像佛陀一样生活。佛陀对弟子说，作为修佛人，弘法是事业，利生是根本。这个果宣法师一直谨记在心，她的誓言为四弘誓愿：众生无边誓愿度，意谓菩萨誓愿救度一切众生；烦恼无尽誓愿断，意谓菩萨誓愿断除一切烦恼；法门无量誓愿学，意谓菩萨誓愿学知一切佛法；佛道无上誓愿成，意谓菩萨誓愿证得最高菩提。

她如是说，也如是做，她是一位现出家相的大乘菩萨。

弄玉庐

前几日，读法清师父的《明镜台》，读到"天下修行，终南为冠"，就一直想去终南山上走走。应香儿之邀，呼朋唤友，有了这次终南山之行，竟意外收获了弄玉庐。

昨天天气闷热，气压极低。下午雅集时感到极不舒服，心脏虚弱得像要飘出胸膛，见到朴素师父，发现她也是懒懒的。心下打鼓，不知道终南山之行是否可以成行。想看看因缘，可以去就去，不行也不勉强。

在暮色苍茫中，香儿如约来接，收拾好行囊，三个看似柔弱的女子，向着终南山前行。由于天黑，加上不曾走过夜路，一路磕磕绊绊，几次走过，在天全黑时才到山脚下。所幸山风将我的不适吹散，看到朴素师父的脸上也有了生气，一下午的郁闷也都丢到爪哇国了。到了停车的农人家里，山上来接我们的金巴师傅已经在等候，几个人分别拿了行李、手电向山上走。这个时候才看见朴素师父背了一个巨大的行囊，很专业的野营装备，头上还有一个类似矿灯的头灯。朴素师父的瘦弱身材和巨大的行囊形成鲜明的对比，行囊下细瘦的小腿，真不敢想象能否支撑下去。师父说她常常这样去登山，不碍事，我心里的敬佩和爱怜之情油然生起。一直认为能吃苦的我，自叹不如，感觉自己没有这样的能力。

四个人排成一字，打着手电，深一脚浅一脚地向大山深处行进。几场大雨，滋润了山里的生物，蟋蟀、蝉儿……还有很多不知名的虫儿，扯开喉咙欢迎我们，路边的艾草和别的不知名的草，长得有一米多高，不时地伸出手臂，抚摩我们的裤腿和裸露在外的肌肤，不一会儿，和着我们的汗水，衣衫就黏在身上了。

大约走了半个多小时，我们来到溪边一块平坦的巨石上休息，我从包里掏出了准备的水果，在墨蓝的苍穹下，享受着细微的清风，疲倦和燥热一扫而光。大家谁也没有说话，静静地品山、品水、品声。遗憾的是，天空没有我期待的繁星点点，有的是丝丝缕缕的薄雾和如黛的青山，以及山上各种自由造型的树木。一直喜欢树的我，冥冥之中，总觉得自己的前世是一棵树，而且是生长在田间的独树，按照自己的愿望随意地生长。

吃完水果，我往正前方四十五度的地方抛下一棵桃核，希望来年可以为终南山增加一抹春色。香儿也抛下一颗种子，希望来年可以发芽。朴素师父将种子顺水丢下，希望可以带去山下发芽。

再次背上行囊，我重拾起我的“降魔杵”（一个铁矛，据说山上常有野猪出没，金巴师父带给我防身之用），感觉精神倍增，山路走得顺畅了许多。到达目的地的时候已经酉时过半，山上的堪布师父和画儿爸爸、画儿妈妈和画儿舅舅，还有几个师父，用上好的普洱款待了我们。

前一天，朴素茶房意犹未尽的话头，再次续上。几个女人盘腿坐在山顶茅棚的院中，天南地北，热闹非凡。山上的雪儿（一只全身雪白的大猫）上蹿下跳，不时来凑热闹。从来没有过的安闲自在，洋溢周遭。画儿妈妈说蟋蟀在恋爱，蝉儿在抚琴。

交子时分，我和朴素师父将我们的茅庐建成，明黄色的外表，引得雪儿极度兴奋，总想趁人不备，溜进去看个究竟。在我们的严密监视下，他竟然两次偷袭成功。我实在是佩服他的机警。为防止偷袭，我们进入茅庐将所有可能的漏洞堵上。

安卧在茅庐中，我和朴素师父，有一搭没一搭地闲话。透过亮窗，发现天空已经从墨蓝变为铁灰，不晓得什么时候，一阵碎玉之声，让我们兴奋，细品，时急时缓，当下为茅庐命名为“碎玉庐”。想着在这大山深处，自己也有了一个茅庐、一架青山、一淙山泉、一群道友，即便是一餐淡饭、一盏粗茶、一缕清风，也会让我感到幸福无边。

下山时，讲给朋友们听。香儿反对，说有些凄然，于是想到“有闲弄玉长安时，不教终南出妖孽”，当即将碎玉庐更名为“弄玉庐”。

草堂寺

看完小行缘回来的路上，和师姐去拜访了草堂寺的方丈——谛性法师。不能不提草堂寺，草堂寺位于户县东南十五里的终南山脚下，是东晋时龟兹僧人、大翻译家鸠摩罗什的译经道场。

为迎请一位法师，竟引起两场灭国战争，可谓史无前例。现如今每一场法会恐怕都要用到鸠摩罗什译的佛经，对中国佛教和中国文学影响深远的《金刚经》《维摩诘经》《法华经》《阿弥陀经》等译本，直到今天流传最广的还是他的译本。鸠摩罗什一生命运坎坷，而且当时汉地的佛教水平和接受能力还相对不足，也限制了他的才能充分发挥。曾有熟悉罗什的外国沙门说，罗什译出的经典，还不到他所精通的十分之一。鸠摩罗什赠友人的一首诗或许是他一生的最佳写照：“心山育明德，流薰万由延。哀鸾孤桐上，清音彻九天。”

该寺约创建于距今一千五百多年前的东晋末年，不仅是著名的古刹，也是三论宗祖庭，还是名闻关中的长安八景之一的“草堂烟雾”所在地。

隋唐高僧吉藏以鸠摩罗什译出的《中论》《百论》《十二门》三部论典为依据，创立了三论宗，尊鸠摩罗什为始祖。草堂寺作为鸠摩罗什的译经道场，成为三论宗祖庭。

现在寺中的住持谛性师父，不善言辞，属于大智若愚的讷讷拙言之人，脸上一个深深的酒窝，却盛满善因善缘的笑意，让人倍感亲切。师父是长安县太乙宫人氏，三十多年带着铺盖来到草堂寺，接过仅有四十七元钱的功德箱和不足五十亩地的残破寺院，经过胼手胝足的努力，寺院已经恢复到五进殿堂，占地二百余亩的规模。

佛教从中国长安随着遣唐使的脚步传到东瀛后，十三世纪，日莲在日本比叡山学习天台宗，至一二五三年专依鸠摩罗什译的《法华经》建立日莲宗。因此，日本日莲宗信徒将草堂寺作为其在中国的祖庭，并尊鸠摩罗什为初祖。此外，日本还有另外几个宗教尊鸠摩罗什为初祖，现在时有互动交流。

在谛性师父的陪同下，有幸进入大殿西侧门外用红砖花墙围成的六角形护塔亭。也许是过于激动，竟然左右不分，忘记了要右绕。在师父的指点下，右绕三匝，礼拜圣贤。

亭内矗立着草堂寺最珍贵的文物——姚秦三藏法师鸠摩罗什的舍利塔。鸠摩罗什圆寂之前，发出誓言："今于众前，发诚实誓：若所传无谬者，当使焚身之后，舌不焦烂。"姚兴在逍遥园为他举行了毗荼仪式，以火焚烧，烟销骨碎，但是柔软的舌头却没有被烧毁。其弟子收其舍利，建造舍利塔以纪念之。塔通高约两米四四，塔身八面十二层，用纯玉石镶拼而成，每层玉色色彩不同，为玉白、砖青、墨黑、乳黄、淡红、浅蓝、赭紫及灰色等，故俗称"八宝玉石塔"。现在八宝塔在岁月的侵蚀下，已经难见其色，然塔身花纹之精美，雕刻之细腻，依然可见当年之工巧。

舍利塔北边竹林深处，掩藏着远近闻名的烟雾井。由于地热作用，早晚有一缕烟雾从井口冒出，缭绕于寺院上空，然后缓缓向京都长安飘去。如今，由于地热消失，已不见"草堂烟雾"，但烟雾井犹存。烟雾井上方修起了一座木质古亭，亭内悬挂着赵朴初先生所题"烟雾井"的匾额。

草堂寺经历了千余年的历史沧桑，高僧辈出，香火不绝。历代文人墨客在此寻幽觅古，留下了许多动人的诗文。今天，草堂寺修缮一新，成为汉族地区全国重点寺院。寺内现有住僧十多名，他们农禅并重，耕种了二十八亩土地和菜园，种植了竹林，培育了园圃花坛，既美化了寺院环境，又实现了自养。

和师父相约开春再来，如果因缘具足，当带领众善士，在这里耕种福田。

圣寿寺

我对鬼神之说，从来都是笑笑而过，不置可否。时常有人讲灵异的事情，也就听听而已。

相约五一一同参访终南山的幽谷，一直忙碌没有机缘成行。听说那里寺院的老和尚七十多岁，所吃的粮食都要自己从山外背。背不动，只能十公斤一百米、十公斤一百米地挪，我的心就被揪起来了。加上去过的师姐说那里有一千多年前的观音菩萨应身塔，心中向往。在忙完水滴学堂的功课后，就迫不及待地前往。

关于观音菩萨的应身塔，我在书中已经神往多次，观音的应身故事，也在去年法门之光福慧营中，听西北大学的李立安教授讲过，终南山的观音文化信仰发源于此。

要去的幽谷位于终南山中段的塔寺沟内，在南五台的中部。南五台以有大台、文殊、清凉、灵应、舍身五个小台（即五座小峰）而得名，是终南山茅棚的核心地。

我们驱车一路向南，穿过长安，沿环山公路一路向东，在太乙宫向南，穿越一个小镇子，就来到山脚下。山门口已经设有旅游收费站，一个师姐拿着皈依证下去交涉了半天，看门人看我们带的粮食等确实是送道粮的，就慈心大发，收了我们五十块每车，放我们进山。

车一路沿着盘山公路绕行，一面是巍峨的终南山，一面是山谷。行进中，清冽的山风扑面而来，送来了阵阵的槐花香。山中的鸟儿被我们惊起，开始热烈地欢迎我们。烤人的骄阳，此刻也退避三舍，没有了午后的狂躁。耳畔时有流水潺潺，清凉一点点透过来。大约行进了十五分钟后，我们在一个叫五马池的地方停下。据师姐说，从这条路下去，道路比较平坦。我们将来时购买的粮食、干菜等生活必需品分发给大家，我们六个人，除了师姐的先生独自扛了五十公斤外，其余五人每人平均负重二十公斤。因为这次不是我们时常组织的专业送道粮的人员，装备是零。东西都装在商家给的塑料袋或蛇皮带中，我们拿东西的样子很是狼狈。我分得的是二十公斤调料，在一个黄色大塑料袋中有许多个小塑料袋，袋中的液体随着我的脚步一漾一漾地窸窣作响着。

山路陡峭，比我想象中要难走很多，有些地方的路只有一鞋宽。要非常小心才行，稍不留心就有可能滑倒。脚下的碎石和着沙土，坎坷蜿蜒。走到谷底，我们和小溪汇合，沿着溪水顺流前行了一会儿，开始向山上攀登，上山的路是行人踩出来的羊肠小路，蜿蜒盘踞在一个个石缝之间，开始还有说有笑的队伍，逐渐没有了声息，每个人都仔细对付着脚下的道路。在走得极度困倦时，碰上了两个来接应我们的居士。两个人是惯常走山路的，接过我们的一部分供养，前头走了。也许是身上的负重轻了，也许是路虽然陡峭，却不那么危险了，我们又恢复了说笑。一路上浓荫遮蔽，拾级而上到了五佛殿，这里已经残破不堪，房子仿佛就要坍塌了，房顶的一角已经没了踪影，阳光透过残垣断壁透射进来，巨大的光柱中，我看到五彩缤纷的尘埃在飞舞，凝视中，浮想联翩，从残存的殿宇中还可以看到昔日的辉煌。

穿越一道狭长的经幡长廊，两旁是一九七二年由日本前首相田中角荣为寺院供养的落叶松林，松林幽远的尽头是一座三层的石塔，这是一九四三年秋修建的“印光法师影堂”塔。石塔四方形，通高7.8米。塔眉上是民国时期著名陕西书法家于右任先生的亲笔手书——“印光法师影堂”，塔中供奉着印光大师的德像。我将从寺院请来的蜡和香点燃，至诚顶礼这位佛门龙象。礼毕，我们绕塔，以表示对他的敬仰。没有想到，我时常在书上看到的大师近在咫尺。更为惊奇的是，这个地方曾经是很多大师常来常往的地方，耳熟能详的有道安、善导、道宣、牛头、虚云、来果等高僧。

大雄宝殿位于塔左边一个相对平坦的地方，紧邻的右边就是圣寿寺观音大士应身塔，塔为隋建七级方形仿木结构楼阁式砖塔，塔的飞檐翘角已经在历史的年轮中混沌了，茂盛的是寄居在塔缝中的苍翠生命。

据说，南五台上后来得道的五台，皆从此出，历史久远也无从考证。从塔的形状和历史沧桑来看，这里一千多年前曾经是多么辉煌，智慧的光芒在这里闪耀。直到近代，这里都曾经是睿智头脑的清修地，默默地顶礼，参拜。

坐在院中巨大的梨树下品茶论道，这个午后是那么宁静。方丈师父下山还没有回来，我们受到在寺院留守的居士的款待，听到一件灵异的事情。二十多天前，一头百余岁的狼来到寺院，不吵不闹，静静地卧在殿前，由大和尚给它诵经皈依，那狼真的是有福报，在诵经声中往生。此事恰好被寺院中留宿的一位居士碰上，他用手中的相机记录了全过程。我看了照片后觉得不可思议，据说现在有电视台要根据他拍摄的资料将这件事制作成纪录片。

同行师姐的女儿，已经是一个大学三年级的学生，一走进寺院就感到巨大的摄受力。当我们在塔中礼佛时，她的眼泪止不住地掉下来，怎么也止不住，不悲不喜，就是不停地流泪。等她止住眼泪后，她说好奇怪，进到这山里就一路欢喜，希望能够皈依。联络了正在上山的师父，我们陪着她等师父回来。

下午五点多，师父终于回来了。孩子说要皈依，师父查看佛历，恰是好时，一同来的人陪同她随喜受礼。礼成已经暮色苍茫，赶紧向师父告辞。临行前，师父以《幽谷回音》相赠，并在扉页上写了勉励的话，正写时，不知哪里飞来一只大鸟，大鸟的叫声极像陕西人说的“阿弥陀佛”，寺院里的居士说，那叫阿弥陀佛鸟。

我们收好师父的赠书，告辞。五个人相互扶助着走入松林，白昼已经隐退在大山后面，无尽的黑暗笼罩着群山。我们打开手机，用微弱的光亮照着脚下的山路，耳边传来寺院师父为我们敲响的钟声，我们对黑暗的恐惧在钟声中退却。我们彼此用声音确认着位置，一路下到山谷。在岔路口无法辨别方向，彷徨间，听到路上汽车的喇叭声，知道车已经到预定地点等候，面前的两条蜿蜒小路到底该何去何从？认识路的师姐没有了主张。

阿弥陀佛鸟不期而至，它一直在我左前方鸣叫，我建议大家跟着它走。奇怪的事情发生了，我们来时崎岖的山路变得宽阔而平坦。来时一个人走都困难的路，现在可以三个人并排。这路肯定是走错了，想想来时的路，多多少少有些后怕，阿弥陀佛鸟还在我们的左前方叫，我们决定跟着它。走着走着我的右脚的鞋跟掉了，后跟的钉子硌得难受，师姐将一包纸巾给我垫上，我们继续相互搀扶着跟着阿弥陀佛鸟走，大约走了二十多分钟，竟然走到了公路上。仔细辨别公路，发现我们已经走到了接近山口的地方，离我们停车的地方还有一段距离。看到路边有亮光，我们就寻光问去，有两个人说是森林检查站的，这里距我们要去的五马池大约 1.5 公里。阿弥陀佛鸟还在我们的左前方叫，我们再度跟着它，向山里走去，走到“幽谷”石碑前，看到有汽车来，阿弥陀佛鸟冲我们叫了几声就飞走了。山里的回声幽远，车子很快驶过来，载着我们一路回到红尘中。

路上我们都感到不可思议。如果有这样好走的路，山中的师父不可能不知道，我们也没有必要舍近求远走那样一条艰涩的路送道粮；另外我们回来走的路，没有涉水，没有爬山，那么我们来时的小溪哪里去了？巨大的山谷哪里去了？太多太多的迷无法解释。我的鞋跟留在了山里，在山谷和公路的路口，我用心记下了路标，下次有机会我一定要探一探这个通向幽谷圣寿寺的新路，太多的“如果”在我心中聚集。

丰德律寺

丰德律寺，位于陕西长安县沣峪口，是终南名刹。唐道宣曾住此寺潜心著述，精研诸律，在此著有“南山五大部”。其中《行事钞》更成为一千多年来律学行事指南，道宣在此弘宣律学，开创了研习和传授戒法的宗派——律宗。

道宣律师在此寺首开传授戒法，当年传戒的戒台依然。只是那里已经是繁华落尽的寥落。戒台上半人高的荒草，依稀可见当年的恢宏，律宗的首批比丘、比丘尼就是从这里走出大山的。

道宣曾参加玄奘大师的译场。他的著作共五十七种，二百六十七卷，大多在此完成，前后在此住寺近四十年。因其精博宏富，使律宗独盛于当年。他长年驻居终南山，所以这一系称为“南山宗”，在道宣六十岁时，由于在禅坐中受天人指引，翻越丰德寺后山的龙脉上一清修之地。因此在六十岁时移居仅一道山梁之隔的净业寺，后圆寂于此，因此净业寺和丰德寺同称为南山律宗的祖庭。

作为南山律宗的祖庭，丰德律寺已经被世人遗忘。当年的辉煌曾让道宣律师避俗到净业寺。今天净业寺人头攒动，丰德寺人迹罕至，若道宣祖师知道了，是该哭还是该笑呢。

山上的师父是自幼出家的比丘尼，大概是长期在世外生活的缘故，不善社交，只是凭自己的精进修行，点滴职守祖业，沿袭祖师，持戒精严，勉强受十方供养，硬是在陡峭的山崖上开辟了一块块清修之地。位于山顶的茅棚，在不久将会建好。在上到茅棚的刹那，看到了一棵树，是我的最爱。

我总感觉自己的前世也许是佛堂前的一棵树，在佛陀的护持下，从无情变有情了。很久以来，我都喜欢那旷野中的一棵树。今天看到茅棚边上的这棵树，一下子唤醒我久远的记忆。

爱树的我将挂琉璃的陈设架，通通都做成了树。有一棵名为“吉祥三宝树”，象征爸爸、妈妈和孩子。为了多挂东西，我为三宝树安上了两只脚。顶天立地的一家人，要靠父母的双脚支撑，有了父母枝繁叶茂的这棵树，儿女才有福荫庇护。

腊八节供灯

昨日腊八，清晨呼朋唤友，一行十余人到法门寺吃斋。路上将捐赠的爱心衣物送到寺院，期许着给有需要的人一些帮助。

寺院师父慈悲，特许我们登上千佛阁为大佛点灯，王师姐等还为佛祖献了花。佛经上说，凡女子想要相好庄严，要多供花于佛前，要想眼睛明亮，就要多供养灯在佛前。曾经写过关于供灯的功德，“一盏佛之慧灯，可破千年的黑暗”。不知昨日之灯是否照亮了同修们的心，是否点燃了他们心中那一盏盏菩提明灯。

斋堂中，发现在路上和大家分享的一些佛门礼仪，大家也能够应用一二，心中甚喜。朋友同修中大多数人还只是对佛法有些兴趣，还在门外徘徊之中。遥想我刚入佛门时，一脸茫然，没有人可问。甚至到寺院还有一些莫名的恐慌，师父的书伴我一路走来，使我逐渐对佛门的礼仪、规矩知道一二。能够将自己知道的供养给大家，让大家入得佛门，感受到佛陀的慈悲和伟大，少一点惶惑，实在是一大乐事。

别样的过年

此起彼伏的鞭炮声，将我从幽幽梦境中唤醒。环顾四周，头脑一片混沌和迷茫，不知今夕何夕，我又身处何处。静静地躺在床上，回想着那火炕的感觉，背开始一点点热了起来。时光一如车窗外飞逝的景致，无声而去。已经是回到红尘中的第二天了，怎么仿佛依然是梦游？

回想过去的几天，依然令我神往。不喜热闹的我，早早和父母请了年假，去终南山上的寺院陪师父过年。

上山是在腊月二十九的下午。那天下着肮脏的小雨，车窗一会儿就变得模糊不清了，为了尽早上山，我们风雨兼程。街市上的人行色匆匆，大包小包地搬移着，很多时候我们不得不停下车子避让。小时候常听老人说，腊月里的人头脑都是昏愦的，时常按了喇叭也没有人理睬。一路艰涩跋涉，傍晚时分终于到了寺院。

拜完佛陀，去见老和尚。见到我们第一件事是安抚五脏庙，还安排寺院的师兄给我们准备卧榻，一边吩咐一边唠叨着说："还以为你们不来了，天下成这样。"

我答道："答应您的，我怎么可以对佛陀妄语，就是下刀子也会来的。""老话说干冬湿年，恐怕要下几天呢。”“下几天又何妨，下几天我就多留几天。”

是夜，师父让师兄给我收拾出灶间后的一个火炕床铺，那在寺院算得上房了。那小屋子平时是储备熟食的，上得炕才发现已经烧热了，拿了两床腈纶棉被，一看就知道是居士们供养的，被子轻薄得让我有些担心，山里的夜是异常寒凉的。

吃过饭陪师父说了一会儿话出来，夜已经黑得浓重了。群山和巨大的殿宇都在黑暗中隐没了，只有耳畔汩汩流淌的沣河还欢快地流淌着。找师兄要了手电，到寺院前面专供游客的洗手间去，绕过观音阁、放生池、大雄宝殿、穿过鼓楼，一路信步走在飘雪的路上。偌大的寺院，寂静无声，只有那沿院墙的灯盏，无声地注视着我这个过客。

走到大雄宝殿的后面，廊柱下一个硕大的灯，照着八功德池，汉白玉柱下的雪发出铝屑一样的贼光，似眨着不怀好意的眼睛，看着有些青森森的。拾级而上，青石板被雪覆盖的地方已经滑得不能行走，只好小心地照顾脚下。

陕西的寺院最让人无法忍受的就是洗手间，基本都是旱厕，少有冲水的厕所，有也是形同虚设，不是没有水，就是水管冻住了。还好，这异常的寒冷不仅冻住了水管，也冻住了熏天的臭气，尽管如厕艰难，好在山风的清凉将那一丝不快吹得一干二净。

回到我临时的寮房，脸已经被冻得通红。只有先和衣上炕，暖和过来再说。炕是温暖的，一会儿就觉得暖和了，只是脸依然冰凉。在这炕上看到的是高而斜的屋顶，还有那顶上粗粗的被漆成红色的椽梁。想起儿时曾住过的老房子，也是这般的椽梁，梁上总是有一个巨大的铁钩子，钩子下有一个篮子，篮子中时常有意想不到的好吃食。在那个物质匮乏的年代，时常在睡梦中被祖母叫醒，从那篮子里给我取出一点儿女们给她的孝顺，与我分享。为此祖母没有少被姑姑和叔叔嗔怪，每次她都不以为然地说："我这个年纪了，什么没见过没吃过？吃得再好，还不是一泡臭屎。"

为了少惹麻烦，她索性经常在午夜时分将我摇醒，看着我仔细而认真的吃相，总是满足地笑着。儿时，那房梁上的篮子留给我无数甜美的回忆。今夜望着那梁柱，再度想念我在天国的祖母，祈愿她在佛国一切顺意。带着美好的心境睡去，却睡得并不安稳。寺院的物质有限，床铺得有些薄，硌得我骨头生疼，一夜仿佛在炕上"烙饼"。

清晨随着灶间的工作，我也赶快起床。准备刷牙时才发现，我没有带牙膏来。也不便打扰别人的工作，我就在灶间找了些青盐，以青盐刷牙，仿佛回到了清朝。

早上要洗脸是困难的，一是山泉水冰凉，二是灶间忙着烧水做饭。我干脆只用随身携带的湿纸巾，擦擦眼睛了事。在山上的几天里，我都没有洗脸。大年初一，见我的师兄还夸赞我脸色好，真是不好意思说破。好在山上没有污染，不洗脸也没有觉得什么不妥，反倒自在得很。

忙完自己的内务，就赶忙帮助寺院洒扫。落过雪的院落，怕人滑到，要在早上来人之前清出一条没有雪的路。山上的气温通常比山下冷五度以上，稍微一踩，就会变成冰道。用铲子将厚的冰雪铲除，再用扫帚将残余清扫。大雄宝殿刚扫了一半，就已经汗流浃背。山风一吹，寒凉的气息让我们不敢停手。有经验的师兄说此刻停下来歇息一定会感冒，只能在劳动中逐渐让自己的体温降到正常。

早饭毕，到佛堂诵经，深广的观音殿中，只有我一个人陪伴诸多菩萨，观音菩萨慈悲地注视着我，如此庄严的佛殿，我朗声诵读，仿佛是儿时学琴的汇课，老师在堂凝神静听。

三十晚上，很多师兄冒着风雪从山上下来，我一次次地往来穿梭在寺院中。一会儿大雄宝殿，一会儿观音阁，一会儿天王殿。雪依然时大时小地飘落着，接近子夜时，我到大雄宝殿为我的朋友们点起了长明灯。

在绕大雄宝殿时，依然是大雄宝殿背后那盏巨大的灯下，我看到雪花不是一片片向下落，而是向上升腾。想来这片片好雪，是要到琼楼玉宇去。我站在这神圣而庄严的佛殿前，双手合十，祈愿这片片好雪带着我深深的祝福。那些曾经过往我生命中的一双双足印，那些我爱的和爱我的人，抑或是曾经擦肩而过，曾经伤害过我或背弃过我的人，在这吉祥之地，我为你们祈愿。感恩你们，生命中因为有你们才变得如此绚烂，有你们的出现，我平庸的生命才变得丰富多彩，我深深地感激你们。子夜，我在这里轻轻叩响吉祥钟，为你们送去吉祥与快乐。在这混沌的尘世里，有你们陪伴我走过生命的不同时期，我不枉此生。衷心地谢谢你们，你们就是我想祝福守护的人。

初一大早，我大约五点就起身了，因为有很多人要来寺院。我依然是打扫大雄宝殿前的广场，雪足有三寸厚，我用推板推了很久才将广场清出一条路来，刚清出来路，就有上山的香客来烧香。来人说为了来烧头炷香，凌晨就出发了，上山的路滑，只好将车子停在半路，自己冒雪走上来。

早饭后，来的人越发的多了，我负责在大寮烧水，泡茶。一趟趟穿梭在师父的禅房和厨房之间，倒也不觉得乏。等人稍微稀少时我去诵经，一部经没有诵完，竟然劳乏得丢盹儿。师父看了疼惜，让我去睡一睡。是呀，三十到初一，睡眠时间不足五小时。强打精神，将功课做完，倒在炕上补觉。

灶间开的是流水席，不断有人来拜年。一向睡觉轻灵的我竟沉沉地睡到晌午过后，不是师父的两个狗狗在储物间为一块豆腐厮打得昏天黑地，我大概要睡到晚饭时间也说不定。

我是一个怕热闹的人，乘着别人拜年的当口，我上山去看菩萨。三面佛高高伫立的山顶，很多地方已经滑得不能走，我尽可能走在有雪的地方，一步步慢慢走到观音圣像前，至诚顶礼，燃起香烛，看香袅袅升腾，轻声地和菩萨对话。

看了观音菩萨下来，半山上看见龙王殿前一片好雪，没有人去过的痕迹。不忍它寂寞，回殿中取了香，一路小心翼翼地攀爬至龙王殿，整个沁心小院仿佛是被人遗忘的世界。未完的工地上，脚手架和建材上都是厚厚的积雪，陡峭的山坡上只有我的足迹。殿门是关闭的，我在殿外和龙王轻声说话，小心地将带来的香供养给他，希望他今年如昔年，保护好寺院，莫被水淹，也请老龙王照顾吾辈祥瑞平安。

寺院关门后还有师父的弟子跑来探望师父，为了交通安全，我们劝大家早早回营。原本想早些休息，但前年三十才出家的几个小沙弥尼、沙弥和法师围在师父跟前，一边说话一边包着饺子，我也不好意思去睡，在一旁端茶倒水。睡觉的时候已是子夜时分。

这一夜惊心动魄，一上炕就觉得炕上的温度太高了，感觉要着火了似的，我们找来擀面杖，将床铺揭起。晾了许久也不见温度下来。没有办法，将同寮的师妹和师妹的孩子安顿在火炕的边缘，将最热的部分揭起，折了三折。一个二十公分宽，一百五十公分长的厚棱，立在炕中间。折腾得实在乏了，我才勉强躺在上面，看着头顶上的房梁，自嘲是小龙女在练功。

尽管这样，依然热得烤人，于是除了读书就是诵经，反正不能让自己从“绳床”上掉下去，掉下去虽不至于万劫不复，但可能会被烫伤。刚迷糊地睡着，突然“砰”的一声巨响，将我惊得跳了起来。我和同寮的师妹以为炕烧塌了，同时跳了起来，仔细观察了很久，除了炕依然滚烫外，没有发现任何异样。

心里忐忑着，一夜蜷缩在窄小的绳床上挨到天亮。刚一天明就起身了，发现一夜的豪雪，已经使大地山河一片白。寺院的积雪有半尺厚，天空中的雪花依然飘落着，丝毫没有停歇的迹象。

紧招呼寺院里的人出来扫雪。首先要将观音阁到大寮的路清出来，用推雪板已经不行了，太低的气温让很多地方结冰，单纯扫雪是不行的，师兄用铁锹一点点将冰雪抠下，我在后面用扫帚扫。她在前面铲，我在后面推，先将我们的生活道路清理出来，之后我们又和寺院里师父养大的孤儿们一起，逐一地清理观音阁周边的大雪。我们一边清理，天空一边下，仿佛老天爷童心未泯，故意逗我们玩，常常是这边的雪还没有扫干净，那边的雪已经积住了。我用力扫呀扫，仿佛永远也扫不完。

我是一个浪漫的人，扫着扫着，耳畔响起了京戏的二黄过门，我听见电影《霸王别姬》里的对白，程蝶衣在动荡的年月里，一边扫马路，一边倔强勇敢地坚持着自己心中的理想。风华绝代的虞姬，满堂喝彩的舞台，英雄美人的故事。程蝶衣是虞姬，是不死的美人。她的一颦一笑都那么耐人寻味，我也同她一般扫着，思量着。

扫到后院，看到后院的树大多都被压弯了腰，入冬的头一场大雪，将很多树木摧折。合抱粗的树都被积雪压断，不忍这些女贞树、琵琶树、玉兰树受损，我拿了扫帚，一一为它们减负，积雪抖落，它们逐渐直起腰杆。一路清理积雪，我自己也成了雪人一个，头发被雪打湿黏在一起也不管。清理到河边，偶尔嗅到一缕极淡的暗香，让我莫名地感动。

寻香而去，是一株茶梅，那香气是极为清雅的，以至于不用心是品不到的。一个人的品质其实与梅香相似，是无形的，是一种气息。如果光是赏花的外形，很难知道茶梅有极淡的清香，我们如果不能细心体味，也难以品味到一个人隐在内部人格的香气。

最可惜的是，很少有人能回观自我，品赏自己心灵的梅香，大部分人空过一生，也没有体会到隐藏在心灵内部极幽微但极清澈的自性芬芳。

午后被师妹叫到寮房，问我知不知道昨夜是什么响声。答曰知道。早晨在扫地时已经发现，前日为龙王烧香用的一次性打火机在我口袋里爆炸了。庆幸老龙王保佑，衣服是丝棉的，火炕上那么高的温度，竟然没有着火，简直是个奇迹。

如约而至的友人，冒着生命危险从老家开车到秦岭来了。说一路上险象环生，车祸不断。为了赴我们的约定，他谨小慎微地开了很久。

因着寺院的网络缓慢，几乎无法工作。加上学堂还有很多事情要处理，傍晚趁师父休息的时间，我们几个一路相跟着下了山。从山口一出来觉得好奇怪，山上是白茫茫的一片，山下却是干爽的，听说早上原是下了些雪的，午后出太阳就消散了。

出了山口，手机终于有信号了，一路信号灯闪烁不停，无数个祝福和着街市的万家灯火一起向我袭来。回到乐闻轩，有种恍如隔世的感觉。洗了澡出来，看到佛堂一地的落樱，走时插的那一瓶紫罗兰已经干枯，香气却比走时浓烈了许多，倒是百合大部分都谢了，香气也淡了。

将花清理了，打扫了佛堂，为菩萨燃了一炉好香，向他们销假。念佛机中袅袅的梵呗，如一粒石子投入心湖，涟漪一圈大过一圈。静静地打坐在蒲团上，看那一点暗红，一缕蓝烟摇曳直上，一丝幽香透过我的鼻根进入肺腑，慢慢地在周身荡漾，此刻才真正感觉到回来了，回到了我的乐闻轩。

尘世中连续不断的鞭炮声，时刻提醒着我，这是一个特别的时间，特别的日子。不经意间年假已经过半，收拾心情回到红尘中来。还有很多事情我想去做，光用想是不行的。我要用这细微点滴的慈悲与爱，做我能做的事情。尽管很多时候不被人理解，也时常遭人非议，那于我不过是天空中偶尔刮过的寒风而已。春天已经来了，倒春寒的冷风还能刮几次？

那日走在沣河岸边，听河水流淌，一如河在为自己鼓掌。下雨时，雨中无处躲藏，只好任雨淋湿，这时可以清楚地听见雨声，仿佛是在拼命地鼓掌。我们总是在舞台下鼓掌，却忘记为自己鼓掌。我们应该学习，爬险阶时常为自己鼓掌，在暗处给自己一些掌声，在明处也为自己鼓掌。我在这寂静的夜里，为自己鼓掌。

我时常想，人如果不能进入细微的爱里，他一定不能品味出比较高层次的心灵之爱，他只能过着平凡单调的日子，而无法在生命中找到非凡之美。

如果只是对人有情爱有关怀，不知道日落月升也有呼吸，花开花落也有菩提，虫蚁鸟兽也有欢歌与哀伤，云里风里也有远方的消息，路边走过的流浪狗都有乞求或怒怨的眼神，无声里也有千言万语，那人生无疑是狭隘的。我愿意见贤思齐，做一个慈悲的人，为这世上的一切有情。

情人节里送道粮

情人节不晓得什么时候开始这样盛行。记得刚参加工作那几年，每年情人节都要想办法留在西安过。多年前的一首歌《没有情人的情人节》，唱得是幽怨哀伤，很多没有情人的人在这一天都会再次想起这首歌，勾起无数的回忆。

随着年龄的增长，这些过去渴望的，今日看来竟是那样的微不足道。今年的情人节，我起得格外早，背上久违的登山包，拿着手杖，戴着我的红色牛仔帽出发了。会合了十七位志同道合的道友，坐着巴士向着终南山进发，要给我们崇敬的隐士、真正的修道人，送道粮。

汽车沿着唐延路一直向南，沿西万路穿过长安大学城，经过郭杜、栾镇、高桥，在沣峪口转盘向西，沿环山公路穿过山水草堂，到了我最喜爱的天路之上（因宽阔笔直，两边种有这里特有的白杨树，笔直的树和笔直的路一眼望不到尽头。在这样的路上，任再狂傲的人，也不能不心生敬畏，我谓之天路），天路是进入祥峪森林公园的唯一路线。祥峪森林公园位于秦岭祥峪沟内，距高冠瀑布不远，我们约行程四十公里，历时一小时二十分钟后，来到祥峪森林公园内一条小溪之下，向导说要从此沟沿水逆流而上，翻越峰顶再向西行，才能够到我们此行的目的地。面对巍峨的巨山，我们彼此用目光坚定信心。如果我们不上去，在山中修行的师父有可能青黄不接而断了炊烟。

一行十八人，我们将粮油等日常生活用品分送给大家。我分得一些生活用品和路上的饮用水，大约七八公斤的样子。一个有经验的环保主义者，惯常登山，背包也大，大约背了二十多公斤。一些年纪大的道友和师父自然是不背的，因藏地师父到内地，心脏不适应，还派两个拿东西较少的人随行护持。

我们一行人迤逦而行，逐渐拉开了大约一公里距离。初上山时，山上的冰雪已经消融，雪水使道路泥泞难行，很多地方的路已经被灌木枯枝掩埋，根本看不见，致使向导几度走错了路。在大约上山五公里后，我们逆流而上的溪水依然被冰雪覆盖，雪下细微的流水声，让我们不敢轻易涉足，由向导和领队用手杖不断地探寻，为我们画出安全的涉水路线。幸好是这个季节，否则想要涉水是十分困难的。在一个落差数十米的冰冻瀑布前，我们拍了照。我在瀑布上捡拾了一片酷似菩提的树叶，被同行的师兄用来“拈花一笑”，我带回了这片叶子，尽管已经枯黄，留在我的背包中被蹂躏得有些破碎，我依然小心地将它抚平，夹在我的《空谷幽兰》中。

稍息片刻，我们继续逆水而上，越往上走，越觉得呼吸困难。很多人气喘如牛，卓玛师父的心脏频频不适，有人说要背她前行，被她婉言拒绝了，她说要凭借自己的力量上去，几个人随她慢慢走，我们不敢歇息，按照自己的频率，一路坚持着攀登。很多地方是没有路的，我们必须像猴子一样手脚并用地在石头上攀援。大约爬了一个小时后，我觉得身体越发沉重，突然右肋下抽搐得疼痛，让我有些不安，脚步不由得慢了下来，疼痛加剧，心脏也捣起乱来，拼命狂跳，仿佛一张嘴就会从嘴巴里蹦出来似的。看到师妹已经距我越来越远，我好想在这乱石林立的山间躺下，以白云为被，青山为床。晒着爷（西安方言，晒太阳被称为晒爷），暖暖地睡去。

羊肠山路上，没有一个可以会合的路口，后面的道友很快就赶上来了，没有办法，我不想让别人为我担心，一边默念着诸佛菩萨的名号，一边只看脚下的路，脚下的青山和碎石在我的足下一寸寸地矮了下去。不觉间我竟然登到了山顶。山顶的那户人家，已经坐着一个先到的道友，还有一些“驴友”，已经在那里埋锅做饭。在山顶稍事停留，我们又沿着向西的一条小路向观音山走去。也许是过了疲累的极限，也许是被征服的喜悦淹没，接下来的路尽管艰险，我已经浑然不觉。在半山的药王洞中，我给药王菩萨磕了一个头，祈愿菩萨保佑大家免除病痛之苦。

山中有一段路是在悬崖峭壁上硬凿出来的，石头边虽有一些土，但都是浮土，我不小心踩到，险些滑倒，幸好有道友护持。还有些路是在山凹处用木头连接起来的，像桥，不过这“桥”是用不同的圆木拼接的，缝隙很大，总让人感到脚会从缝隙掉下去，心中不觉惶惶然。在别人鼓励的注目下，小心地过了。

接下来是一段不太陡峭的山路，只顾欣赏风景的我掉队了。我只身一人，走在寂静的山中，驻足聆听，只有轻微的窸窣声，那声音来自树上干枯的树叶，它们不忍离去，在枝头吟唱着眷恋的歌。偶尔一声鸟鸣划破寂静，山显得更加沉静。不忍打搅，我也悄然而去。在观音山口碰到一个与父亲年纪相仿的矍铄老者，向我打问路线，我仔细告诉他，和他道别时羡慕地目送他到转角处。家中的父亲是多么渴望能够和我一起，为山中的隐士送上一片敬慕的心意啊，这样的路和他那样的足，恐怕是没有机缘了。只待有机会时，带他去一些道路好走的道场，一了心愿。

原本预计四小时的山路，我走了将近三小时。在一片群山环绕的腹地上，林林总总地立了一些房舍。一看就和宗教有关，但是不知哪里有些怪异，后来打问下，才知道是社庙。从社庙的山门后面绕到我们此行的目的地——法华寺。

法华寺原是一个茅棚，自隋朝就有隐士在此修行。近代，这里住过一位圆照比丘尼，她的金刚心舍利子曾经轰动一时。尼师在这里修行了四十年，于上世纪末圆寂，享年一百有三。我们在尼师的金刚心舍利塔前恭恭敬敬地礼拜，绕塔三匝，为这位我崇敬的隐士，献上心香一瓣。尼师一生为中国佛教作出了卓越贡献，早年在北京创办了佛学院。在“文革”中，为保护鸠摩罗什的舍利塔险些逝去生命。

现在的法华寺住着三位尼师，其中一位尼师下山，我们只见到两位。两位师父的脸都被冻坏了，年纪较轻的师父的手，大概因为风湿，指关节有些变形，两位师父的脸上洋溢着没有渍染的微笑，谦恭朴实。

礼佛归来，在寺院的炕上坐了一会儿。炕上还有余温，是一个居士暂时居住的地方，说是昨夜烧的火炕。这里身处大山深处，目前还没有电，还过着日落而息的生活。做饭要烧山中的枯木，很多枯木被捡回来，锯成六十公分左右的段，整齐地码放在斋堂和寮房的后面。师父们除了修行，大概做的最多的就是这些活计。我问师父法会时怎么办，她说自己发电。因为用电不易，她们基本不用，仅有的一个手机，因为信号不好和充电不便，基本也是个摆设，偶尔用一下。

因为事先得知我们要来，刚一到没有多久，师父们就为我们做好了面条和米饭。加上我们自己带的一些吃食，斋饭很是丰盛。吃罢饭，我和师妹帮忙洗碗，趁四下里没有人，问师父们有什么需要，师父们一直不肯说。我观察到师父的衣衫单薄，被子也单薄。就想下次如果有机会来，要为师父们送一些生活必需品，一些冻伤的药膏之类的。师父们慈悲体恤我们上山不易，可是很多生活必需品还是要用的。我一一记下了，下次一定送来。

饭后在自我介绍中才知道，终南山护僧会正在为这些住山、住茅棚的师父们组织一个送粮队，我们随喜参加。在下山的途中，大家商讨成立一个组织，秉承我们提倡的“诚邀天下善事，同耕一方福田”的宗旨，将水滴学堂和护僧会、企业结合。初级目标是让终南山住山修行的师父们有饭吃，让有善缘心的人一同来做一些善事。

闻之欢喜，随缘参加，以后每周的周末都会组织企业和社会上的善心人士，出坡培福，辅助孤老。我的工作可能因此更加忙碌，满心的欢喜使我浑然不觉。此时才发觉原来身体的诸多不适不晓得从什么时候已经了无踪迹。

回到乐闻轩已经子夜，保安为我拿来一束娇艳的红玫瑰。知道是一个朋友送来，原为博我一笑，打了一天电话，终因无法接通而失望。不过看到玫瑰的当儿，我还是笑了，这也许就是女人的特点吧。正如我在设计诠释中写道：美丽的女人天生爱做梦，心若在，梦就在。爱做梦的女人，浪漫的女人，无论年龄大小，对玫瑰的偏爱是与生俱来的。

妇女节出行

今天是三八妇女节，是半边天享受尊重的节日。我今年不似往年那样去扫街，令荷包干瘪，而是在智慧的海洋里浸润，让自己的身心得到清泉的涤荡。

一大早我就和师友们会合，去花卉市场买了花，向沣峪口开去。车进入沣峪口，手机的信号被阻隔在大山外面。心情愉快地想放歌。天下修道，终南为冠，走进终南山就走进了清凉世界。进山三公里处有一个绝妙去处——终南山观音禅院。说寺院绝妙，不是寺院的殿宇多么辉煌，风景多么迷人，主要是寺院的师父——果宣法师，是一位有修行的尼师，她的人格魅力吸引着我们。师父的一颦一笑，都透出清净无渍染的真诚，师父的开示更是妙语如珠，对迷茫之人犹如醍醐灌顶。我每每将师父的开示用手机录了，回来反复咀嚼，更有一层深意在心头。

刚走到放生池，抬头看见师父在半山上，一个师姐和几个义工围绕着，在说些什么。我看师父时，师父也恰好看到我，见我手中有花，欢喜地对我喊话，让我去供佛。我也雀跃地应答："我要先供养您这尊现世的佛。"我和几个朋友一路跑上山，师父在正在建设的龙王殿前给我指点着：哪里是将来的茶室，哪里是龙王殿……师父说利用山上的落差，在龙王殿的下面修五个龙头，发水时由龙头嘴里往外喷水，喷出的水做一个水潭，在水潭的中央塑一尊滴水观音，滴水观音的两旁种上竹子。

师父体恤我们一路劳顿，一定要我们先下去，在她的寮房暖和暖和，师父说知道我们今日要来，已经吩咐斋堂多做一些斋饭，款待我们。每每去寺院都有回家的感觉，师父就像母亲，一日我去，师父欢喜，在和我谈完工作后说："女儿回来了，要给姑娘做点好吃的。"我陪师父在小斋堂下厨，不消一刻工夫，师父为我炒了几个菜出来，师父一个劲劝我多吃，自己却不吃，细问才知师父那日身体不适，是专为我们几个下厨的。这样点滴的感人事，举不胜举，因此去观音禅院就成了我经常的自觉要求了。

今日人多，吃过饭，在寮房里师父给大家开示什么是幸福，什么是夫妻相处之道，什么是为人处世之道，听闻的人欢喜点头。师父将她年下写的小纸条拿来，让大家一人抽了一张，严明“我们是环保的，纸条可以带走，束纸条的套套不能带走”。其实束纸条的套套就是我们喝饮料的吸管，师父不忍浪费，将它们捡回，洗净剪成小环，束在一张张的纸条上。纸条也是用过的纸的背面，是师父们用钢笔写的一些劝导世人的话。大家拿了纸条逐一找师父解，师父为每个人诠释，之后送上祝福。佛说众生欢喜佛欢喜，后来成道师父问我，今天是什么日子？我说是佛欢喜日。师父说不对。我说今天这么多菩萨聚会在佛陀身边，所谓恒顺众生，令众生欢喜，才能随缘度化，众生欢喜佛欢喜，岂不是佛欢喜日。

工地的事情多，一会儿师父又被工地拉去。师父走时，幽默地说：“我要上班去了。”师父走后，众多的善男子善女人，或巡礼寺院，或爬山去拜三面观音。

我留在师父的寮房，和一些有缘人探习佛法，等师父回来为我们做开示，我笑言大家是迷途的羔羊，在等待牧羊人。一会儿师父从山上放工回来，霎时寮房里就聚集了很多人，有人写了纸条让师父开示，师父机敏的开示令大家受益，发问的人更是获益匪浅，马上给师父叩首顶礼。

大家的问题问完之后，有位法师看师父欢喜，就提议师父为我们唱一段，在大家的祈请之下，我们有幸听到师父为我们唱诵唐代遗留的《瑜伽焰口》。师父字正腔圆的唱诵，让我们人人可以听明白，晦涩的佛教梵音原来是这样的美妙。一曲唱罢，又唱一曲，之后师父拿出她自己做的四十八愿，教我们所有人一起唱，所有人一起朗朗地唱诵，歌声回荡在观音阁的上空，诸佛菩萨一定是听到了。之后在我的祈请之下，师父领众做了功德回向，将这愉快的“佛欢喜日”画上句号。

一会儿，师父再次被人叫去工地，我不忍再次打搅，问讯师父后，大家一一和师父作别。

初见小行缘

清晨在鸟儿们欢快的早餐声中醒来，因为冬日，给鸟儿们的喂食从夏日的一日一次，增加到现在的一日三次，碰到昨日那样的意外来客，有时会喂四到五次。

来我家接受布施的小鸟也从原来的一拨增加到三拨，偶尔还会有其他地方的小鸟来访，过年期间更是热闹，一天会来四五拨。自从多日前父亲患痛风不能出门后，给鸟儿喂食的工作就交给他担当。父亲尽心尽力，过年还特地给鸟儿们喂一些大米，每日都会盛满一碗的“金银珠宝”给鸟儿作美餐。

起床后一直记挂着生病的小行缘，给智宏法师打了几遍电话也没有应答，心里惴惴的，在佛前替她祈请。刚和师父通上电话，知道孩子的病比昨日见好了，一颗不安的心才算归位。原本打算上山，因孩子的病给耽误了，只好改日。

昨日大年初三，是佛欢喜日。一早和师姐相约去拜访慈悲莲舍的智宏法师。初一晚上给师父拜年，知道师父又捡了一个弃婴，心想师父一个从外地来的比丘尼，形单影只来到西安，千难万难地在这里一住八年，实在是不易，前段时间总是忙，趁着过年，应该去看看。路过超市，采买了一些日常用品和吃食，塞满了整个车的后备箱，将我们能够想到的和基本该用的，一一备齐。

到了寺院，迎接我们的只有六岁多的了业，严重唇腭裂，被师父捡回来两年多，已经为她做了两次修补手术，目前从外表看没有什么问题，一讲话还是有问题，吐字很不清楚。我一边往寺院里搬东西，一边勉强听明白了业的叙述，她说:“师爷不在，师父也不在，都去了医院，看病去了。”心中狐疑，恰遇一个年纪大的尼师，才知道师父去给新近捡的孩子看病了，师父和善学师父带孩子去了户县妇幼保健院。证实师父是在户县。时间已近十一点，和师父通了电话，师父还没有给孩子看完病。我和师姐商量，去户县接师父。

师姐在户县待过几年，但是现在变化太大，靠着不断问路，我们花费了四十分钟才找到医院，也不知道师父他们一早是怎么去的。到医院时，病刚看完，善学师父正在给孩子拿药。孩子得了肺炎，需要住院，师父们说先开些药看情况，不行再去住院。我心里就有些打鼓。看师父抱了一个大大的被团出来，也许是胆怯，我始终不敢上前看看。让师父坐在前排抱孩子，我和善学师父还有一个居士婆婆坐在后排回了寺院，路上在一个药店给那孩子买了一些医院没有的药，我又自作主张为孩子买了一些消化药和退烧药，仿佛买了药孩子的病就会马上好了。

回到寺院，我和师姐陪同师父享用了寺院的午斋，说是三个菜，其实是两个，一个菜多盛了两碗。一碗是炒豆芽，一碗是豆皮香菇炒豆角，我们吃得十分香甜。饭后，师父特意开了客堂接待我们。我们在客堂谈了一个多小时，如果不是客堂实在太冷，我想我们的谈话还会继续。客堂大概是寺院最好的地方了，房子宽敞明亮。只是那从脚底心蹿上来的阴冷，让穿鸭绒大衣的我和穿得很厚的师姐都有些坐不住了，师父衣衫单薄却处之泰然，实在不可思议。

在手脚都有些冰冷麻木时，我们提出去看看那个孩子。

在去看孩子的路上，我注意到师父的耳朵被冻伤了，师父说那是前段时间在大雁塔帮忙时给冻伤的，说不碍事。在乡野不是足不出户就可以相安无事的，常言道，穷山恶水出刁民。户县虽不是穷乡僻壤，但在经济社会下，靠天吃饭的农人中，有很多四体不勤、五谷不分的好逸恶劳分子，靠祖荫不能满足欲望时，竟开始动起这个小小庵堂的脑筋。春节前，供奉在寺院中的功德箱竟被一些歹人掳去，寺中的供果常常转眼即逝，这些在师父眼中竟是那样的稀松平常。师父曾经是一个北京女孩，天之骄子，曾经游历于海内外著名的道场、学府，而今为道、为佛教的改革与复兴，在这荒僻乡野一住就是三千多个日月，那是怎样的勇气和毅力。

为了给孩子一个温暖的环境，师父在南边的套间里，特意请人盘了一个火炕。炕上连同善通尼师，坐着四个人，八只眼睛不错眼珠地看着这个孩子。在这里我才第一次见到这个孩子，听善学师父说，腊月初二的傍晚，她和另外一个师父在巡视寺院，听到寺院里的狗吠，松树下有一个小布包袱，两个师父赶快抱回来，发现里面是一个血淋淋的孩子，也看不出鼻子眼睛，当时孩子的脸是青紫色的，师父以为是哑巴，在怀中抱了很久孩子才缓过来，有了细微的哭声。这才解开包袱看，发现只有一个纸条，上面写着孩子出生的时间。那时离孩子出生不到二十小时，这个幼小的生命原本应该在医院的保温箱中，却被狠心的家人丢弃在寺院冰冷的地上，今年的冬天虽然没有下雪，但是气温却是近几年少有的寒冷，零下十度的天气，对一个出生仅二十小时的孩子意味着什么？

善学师父见孩子有了声息，立即跑去村上给孩子买了一袋奶粉。回来才发现没有奶瓶，一趟趟穿梭在寒夜里，为孩子添置必需的生活用品。师父说这些都不算什么，最让她难为情的是，孩子一身污秽，想要为孩子洗洗，没有办法，寺院太冷，只有到公共浴池去给孩子洗澡，为此不知遭到多少人的闲言闲语，造下多少口业，让师父羞得无地自容。抱孩子看病也是同样，尽管有老居士婆婆跟着，总不能对别人一一去解释。祈盼这个孩子健康成长，不要再生病了，师父们为着她已经负担很重了。师父说她们在讨论佛经时都要抱着孩子。说来也怪，这孩子天生就与佛有缘，她在哭时，只要不是肚子饿，就只有三样声音可以让她停止哭泣。第一是梵唱的大悲咒，第二是师父大声的诵经声，第三就是智宏法师慈悲的怀抱。

师父为她起名行缘，为的是她长大可以像《普贤行愿品》所说的那样，广能利益一切有缘众生。难行能行，广结善缘。承载了师父殷切希望的小行缘，经过师父一个多月的精心调养，已经初显眉清目秀，眼睛特别大。这是师父捡到的最小的一个孩子。其他孩子来寺院时最小也已经三四岁了。抱孩子的善通沙弥尼也是师父捡来的，她被师父捡来时已经六七岁大，推断她也有十六七岁了，去年正式剃度成为一名沙弥尼，跟随智宏师父修行。看到她对行缘的慈悲眷爱，让我有些动容。还是不敢碰那小小的孩子，看善学师父给她做婴儿体操时，心生怜惜，怕弄伤她，只在她的臂膀边抚摸了一下。今日知道孩子见好，我也安慰了许多。

再见小行缘

早晨发现天阴得厉害，仿佛冬日里大雪来临前的阴暗，房间不得不开灯。没来由地有些心烦意乱。

不得已出门要，也没有办法。走到大街上，浓重的雾霭让整个城市笼罩在肮脏的废气中，仿佛走入魑魅魍魉的世界。人们如同巨大蒸锅里的侏儒，行动变得迟缓和乖张。空气中的水分加重了冬的寒湿，一阵阴风，卷起了路边的枯枝败叶，打着旋儿在眼前飞舞，仿佛聊斋中鬼魅现身前的一刻。行人都裹紧身上的冬衣，加快脚步而去。

这样的天气，更加担忧远在慈悲莲舍中生病的小行缘。这样的天气，师父们要照顾这个生病的幼小生命，是更加困难的。盘算着早些办完事，早些将温暖给师父们送去。

父亲听说要去看孩子，让我给小行缘带上一个压岁红包，将他的心愿带到。午餐时，和几个同修说了，她们随喜也要一同前往，体恤师父生活的艰涩，在超市买了一些奶粉和生活必需品。我们四人，按照上次去看好的路线，乘坐近郊公交车，一路找到圭峰脚下。下了车，我们安步当车，路上碰到一对隔路相望的喜鹊，在那里呢喃着欢迎我们。旷野里清新的空气，一下涨满肺叶，清凉得沁人心脾。师姐深深地吸气，说是要吐故纳新，清洗一下自己的肺，将前几天的废气吐出。我们奢侈地肩并肩占满半幅马路，肆意地伸展肢体。

因提前打了电话，我们一到，师父听见狗叫就迎了出来。到行缘的房间，看到善学师父和善通师父正在忙着给小行缘换尿湿的裤子，那小娇娃的两条小腿很细。师父熟练地给孩子换上干爽的尿片，包好交给师妹，在师妹的怀中，孩子眼睛骨碌碌地转，似乎听得懂我们的话似的，随着我们的谈话，配合着小动作，逗得大家欢喜愉悦。

听师父说，小行缘吃了师父们在乡村买的奶粉，变成了“貔貅”，几天不解大手，让人心急。今天才在药物的帮助下出恭，实在是有惊无险。世人都求财求富贵，人人都争相戴貔貅，殊不知，这个只进不出的物种并不能带给人财富，只能助长人的贪欲。人如果只进不出，是会憋死的。动物也同样，神灵瑞兽亦然。新陈代谢是自然颠扑不破的规律。是生物，必然要经过此种。

轮流抱过小行缘后，我们即将告辞，小家伙也露出倦意。在客堂陪着两位师父略坐了坐，我们不忍打扰，就告辞出来。出来的路上，我们放慢了脚步，徜徉在田园风光之中。笔直的路上，前面是看不到尽头的雾霭，后面是云雾缭绕中的纵横阡陌。只有关中才有如此的恢宏气度。我们贪婪地大口呼吸着满含负氧离子的清润空气，一路闲庭信步，轻言细语，在掌灯时分，回到熟悉的街市，带回满怀的喜悦和舒畅。

文章写到一半，一个小妹妹来到学堂，闲聊自己生活的困惑和诸多不如意。软言慰语开导一番，将小行缘的事和慈悲莲舍师父们的生活和她分享。当小妹妹带着欢喜离开时，已近子夜。长长地舒了一口气，将没有写完的文字做了交代，给今天画上一个圆满的句号。小行缘的身体见好，衣食无忧，我也可以安心地休息了。

又见小行缘

中午接到电话说，有车可以给小行缘送去摇篮车，赶紧叫上父亲和师妹，一同坐车前往。中午开始滴小雨，如烟如雾，地上比较滑，一路小心翼翼地开车，几经周折到了慈悲莲舍。

路上除了年老的父亲，还有一对小儿小女。师妹的孩子已经上小学，比较听话，因常跟着母亲去寺院，生了一颗慈悲心，拿来了家中的玩具要给小行缘。朋友的小公主只有一岁多，一路上酣睡不醒，到了寺院才勉强醒来。

一到，还是了业最先迎出来，已经熟稔的她，礼貌地和每个人打招呼。智宏师父因为有事外出，善学师父接待了我们。将孩子的摇篮车安装在了善学师父的寮房。这是我们第一次进善学师父的寮房，房间极简单地放着一桌、一床、一个书架，再无旁物。小行缘的摇篮床占了房间的三分之一。师父的房间没有任何采暖设施，因此孩子还在盘有火炕的套间，等开春天暖了才会将她移过来。去看孩子，她已经闹得乏了，在尼师的怀里昏昏欲睡，全无见这么多人的兴奋。我们大家将她看过，赶忙去礼佛。

朋友仅一岁大的小女儿，在大人的影响下，已经会问讯，会磕头。孩子穿得太多，礼佛时整个人像一个圆球，引得大家欢笑阵阵。稍大点的男孩子，礼佛有模有样，师父在一旁赞叹。回到客堂略坐片刻，告辞出来。

父亲脚病后，一直没有机会出门，从慈悲莲舍出来，提议再到草堂寺转转，大家响应。到草堂寺，恰好方丈师父在，再次带父亲拜见师父，我们一行人再次拜谒了宏林法师的舍利子。在师父的陪同下，再次拜谒了鸠摩罗什的舍利塔。今日再去，我仔细地看了看八宝舍利塔。由于岁月的侵蚀，材质的不同可以看出来，但还是在主体的墨玉上，惊奇地发现了很多精美的花纹。在刻有门的一面，门楣上竟然刻着一对美丽异常的飞天。再次绕塔礼拜圣贤，听师父讲他对寺院的未来设想。路过正在建设的藏经楼时，师父说希望将这个千年道场，恢复成一个修行的道场。这许多年来，打寺院主意想发旅游财的人很多，有许多人提出开发旅游的合作，都被师父回绝了。在这个物欲横流的经济社会中，师父尽力维护着这一方净土。

晚上烟雨依旧。走在路灯下，习惯地再次向上看，千万个细如牛毛的绣花针，飘飞着纷纷而来。一下想起鸠摩罗什吞绣花针的故事：

姚兴常常异想天开，对鸠摩罗什说："大师！您聪明超群，悟性卓越，是天下第一。如果您逝世了，法种便断绝，没有人可继承。"于是，姚兴逼迫鸠摩罗什接受十名女子。

鸠摩罗什苦不堪言，但为了译经大业，只得忍辱。从此之后，鸠摩罗什不住佛寺僧房，另迁他处。每逢升座讲说经义，时常语重心长地说：“譬如臭泥中生长莲花，只需采撷莲花，不必沾取臭泥啊！”

有人对鸠摩罗什生起轻慢心，也妄想仿效。鸠摩罗什便集合大众，来到盛满铁针的钵前，他面色凝然说：“如果各位能学我将这一钵的针吞下，就可以学我的行为。否则，希望大家各自安心办道，谨守戒律，切莫再生妄想！”说完，立刻把那满钵的铁针吞下，宛如吃饭般轻松。大众看见这稀有的示现，都目瞪口呆，感到非常惭愧。

逝者长已矣。走在黑魆魆的夜幕下，感受着丝丝清凉，心中生出无限的惋惜，先贤的智慧，发挥了十分之一都不到，那十分之九要吾辈业力凡夫，用怎样的心思揣度，才能获得一丝法喜？究竟还有多少无法弥补的遗憾？

行缘六十天

小行缘来到这个世界六十天的时候，我和师姐给小行缘建立了宝宝成长相册，欢迎大家和我们一同关注小行缘的成长。

最近水滴学堂正在和省公益基金会联络，倡导大家每人每月节约一顿饭，来发心助养小行缘行动，一直持续到这个孩子十八岁。如果将来基金的数额较大，也可以救助和小行缘同样命运的孩子。整体活动由水滴学堂监管，孩子的成长教育经费会在福田事业网站悉数公布，接受社会和广大善心人士的监督。

为了小行缘，善学师父地上炕上不晓得一天多少趟。今天再见已经比上次长大了许多，脸也圆嘟嘟的。我们的到来孩子是开心的，眼睛睁得老大，看过来看过去。师姐和师妹抢着抱，我们说话的当儿，孩子还在师姐的怀里睡了一觉，三十年没有再抱孩子的师姐，喜欢得什么似的，不忍放手。还说要为小行缘织一件漂亮的小毛衣，绣上花，回来的路上还不忘问师妹要她家中闲置的缝纫机，要给孩子做衣服。

亲爱的孩子，不要怕，有这么多善心菩萨护卫着你，没有人伤害你。体恤师父的辛劳，乖乖地睡吧。我们都会在你的身边围绕，为你的幸福、平安祈祷。

小行缘百日

孩子的成长，是在不经意间发现的。有时候感到不可思议，怎么一下子就如同哪吒般见风成长起来。

周五早上，踏着灰霾的薄雾，乘车和朋友一同向慈悲莲舍走去，路上虽然灰霾满天，但不影响我们一路踏歌而行。一上环山公路，心情好得想放声歌唱。春雨不期而至，春雨下环山公路如一条黑色缎带，在我们的车轮下延伸，延伸。远山在浓雾中影影绰绰，半遮半掩的如黛青山，中间有成片的油菜花、抽穗的麦田，近处有翠绿的垂柳，浓绿的行道乔木。车在画中行，人在画中游。不觉间，已经到了慈悲莲舍，一进门就看到智宏法师在斋堂前的廊下，抱着小行缘在看雨。看到我们，师父欢喜地招呼着，一边将孩子递给善通师父。

比上次见到时，小行缘长大了许多，只是比上回黑了些。小行缘已经过了百天，她百天那日我恰好在外地，没有办法赶回，有些许的遗憾。不过在师父的寮房中看到了小行缘的百日照，还是非常喜欢。孩子天真无邪的眼睛，又大又黑，她睁大眼睛看着眼前的世界，真诚地笑着。听师父说那天她还病着，师父带她看完病在县上的照相馆中给她照了百日像。无意中听到一个令人惊讶的消息，师父说在上次为小行缘去医院洗澡时，孩子差点让人给抢了去。

一个男人不晓得怎么混进了给婴儿洗澡的妇幼保健医院，原本年轻的师父带着一个孩子，就不免遭人非议，有了给出生孩子洗澡的尴尬经历，师父担心给孩子洗澡会弄感冒或是弄伤孩子，现在基本都是到医院由专职的护士给孩子洗澡。那日在洗澡时，有一个男人进来说是给孩子穿衣服，师父以为是医院的人，当时不明就里，也就没有多问。当孩子的衣服穿得差不多时，突然觉得不对，那人就要抱着孩子走。善学师父一把抱过孩子，厉声问那人是哪里的，那人见状嘴里嘟囔着，悻悻然离去。这件事让师父后怕了许久，给我讲时师父还有些心有余悸，说再也不敢去妇幼保健院给孩子洗澡了。

孩子在师父的精心照顾下，胖乎乎很可爱。我因为发愿要记录孩子的成长经历，每次去都带着相机。这次依然为孩子拍照，在师父的怀中，孩子不停地笑，把她放在床上拍照时，她却怎么也不笑，很个性的样子。

风雪法门行

二月初一的大早，我携师妹和两位朋友，如约前往法门寺。祈盼了一个冬天的雨雪，在我们祈求得力竭之时，终于羞答答地来了。昨日中午开始，点滴春雨时下时歇，到了今天早上总算像点样子，雨丝细密，给人感觉小家碧玉似的羞涩。

这样的天气，雾霭浓重，开车自然是辛苦的。路面湿滑，加之自己的事情多，时常要接电话，朋友特地约了从北京回来省亲的同学作“车把式”同行。“车把式”是一个有多年开车经验的海归 IT 精英，权且充当我们的司机。有“车把式”在，我就放心地坐在车上看书。

司机先生大概是离开西安的时日久了，路不熟，在绕城高速上，一不留神从南郊跑到了北郊，当意识到问题时，车已经到了汉城乡。没奈何，用手机上网，利用 GPS 导航获得了最佳线路：出西铜入口掉头，再上西宝高速公路。出了西铜路口，大概是“车把式”着急，想把逝去的时间给追回来，立即掉头。在领卡上路时，多嘴问了一句去宝鸡的路。一问大惊，又一次走错了。收费站的美女很耐心地告诉我们，要从收费站最西边的路口走才可以上西宝高速公路，留下行驶证或者是别的证件（主要是怕闯关），从边上的通道，待没有车辆过时倒回。我们依言而行，从边上一个很少过车的通道，请工作人员帮忙照看，将车子退了出来。正准备去取压在收费口的证件时，发现风雨中，那个美丽的女子已经在我们的车后恭候。让我们的“车把式”精英一直感叹：陕西女子确实是女 + 子，只一个字“好”！朋友也感动地说，应该写信表扬一下。

有了一次冒险举动，我不敢怠慢，仔细留意着走过多次的路。路上听朋友和司机先生唠叨着旧事，儿时的点滴时常让我会心一笑。

到寺院已经是十点快半，起个大早，赶个晚集。好在事先联络了相关的师父，一到就进入工作状态，同师父商榷问题的细节。不觉间木鱼声声（表示吃饭时间到了），初一的大供已经送上，我们匆匆随同师父斋堂过堂（吃饭）。斋堂中鸦雀无声，只有轻微的箸碗碰撞的细碎响声。细细品味着食物甘美的滋味，平日家里做不出的菜根香，经由大寮师父们的慈悲仁心，煮的是草芥珍馐，食也甘味。

用斋出来，才发现天上落的是雪花。今年的第一场雪来得如此艰难，让我们期待了太久。根本不忍打伞，任那风雪拂面。由于大地回暖，雪一落地便融化了，雪花落在脖子、脸上，冰冰凉凉。深深地吸气，徐徐地吐出，竟是畅快的清凉滋润，贪婪地大口呼吸着，流连在寺院的斋堂前，竟忘记了师父还在等着我们。

慈悲的师父眷顾我们，将我们的问题一一解答，最难的问题也给了我解决方案。每每回到法门寺，我总有一种说不出的亲切感。很多熟稔的师父也总喜欢对我说“来了”或者“回来了”，仿佛我本就是寺院的孩子，只是淘气跑出去玩耍了，没有丝毫的陌生感。

从三年多前，我第一次以一个优婆夷（居士）的身份来到寺院，好像再也不曾离开过。法门寺大概是我去过最多的寺院，犹如我人生的避风港，每当累了，乏了，来这里停泊一下，就重新充满了活力。每次从法门寺走时，如同加满油的车子，一路风尘地奔向滚滚红尘。

礼佛拜忏后回来的路上，每个人都带着从寺院获得的法喜，自不言喻。在下高速路的出口时，“车把式”再次为我们留下了记忆的浪花。到了缴费口，突然发现找不到上高速时领的卡了。高速收费口的工作人员帮我们指挥后面的车辆倒出，让我们好一路倒到一个避路的地方，停下来找卡。很幸运，我们终于在擦车的毛巾中找到了那张绿色卡片。因找卡片，我知道了“车把式”的姓，戏称他为Mr.Cao，与时髦的CEO一个字母之差。我戏言Cao为了让我们对此行记忆深刻，借用马三立先生的“逗你玩儿”，和我们开了一个小小的玩笑。

这天一定会因这风雪法门行，在记忆深处留下印记。更因为今天，我收到来自台湾的师父的新年卡片而永远无法忘记。在早春的第一抹新绿中，我收获了春的希望。

问道终南山

清晨请了牛爸爸、牛妈妈一起，一行约三十人乘车去了终南山脉大峪口深处，路上听终南山护僧会的田秘书说，终南山脉修道人最集中的是在潼关到宝鸡这一段，我们此行的大峪沟就是最著名的一处。我们在人头山下停车，一行人背上粮食、生活用品、干粮和水，迤逦上山，一路上山路虽然陡峭，但是比想象的要好走许多。登山的路成“之”字形，走了很久还可以看到停在山下的车。

路边随处都有一丛丛的蒲公英在开放，不晓得是深山还是别的什么原因，这山上的蒲公英花颜色纯正，鲜艳欲滴。每每经过都不忍心踩踏，尽可能地不打扰它们。也许是前几场春雨的滋润，路边的艾草肆意地疯长，总是在我们脚下羁绊着。我们的到来打扰了山的幽静，鸟儿欢快地叫着，连山风也被惊动，张开臂膀热情地欢迎着我们，山风的热情使我们有些受宠若惊，许多苗条的女孩子要和别人手牵手才可以稳住不被风吹走。

登山一个半小时后，基本可以看到一些人家了，一些山民正在松田土，牛爸爸将随身带来的种子送与农人，让他们种，并教给他们种植要领。山上比都市寒冷许多，在关中道上已经谢了的桃红梨白在这里开得正艳，一树树的鲜花引得野蜂飞舞。一路欣赏着沿途的风光，不觉间已经到了一个清幽的修行地，这间寻常的农舍里听说住着一个修道的人，门锁着，想是出去了。

再往上走，转一个弯向西，走不远是一个僻静的院落，里面住着一个修行人，送上我们的供养，牛爸爸特意将带来的一颗最大的香椿树苗留给师父，山里蔬菜稀少，让师父种了，来年春天可以有稚嫩的春芽吃。我们一路走来发现山上也有一些香椿，不过荒野的树没有人搭理，品种比较低劣，颜色发黑，基本没有什么香气。牛爸爸再三嘱咐师父种植要领，师父一一谢过。临走时菩提师兄为师父留下从他家乡特意买的上好木耳给师父，请师父安心修道，有什么生活上的问题，我们定然会帮助师父处理。

沿一条山涧小溪，逆流而上，走了半个多小时，在路旁看到一个酷似熊头的大石头，正张着血盆大口，绕到正面显现的却是一个洞天福地，在“熊”的嘴里恰好可以容下一个打坐的人，想象着有一个入定的老者，也许曾经在这里参禅悟道。石头的西北有一条羊肠小道，通向一个修道师父的寮房，寮房陈设极为简单，除了必要的几样什物外，最显眼的就是一个塑料热水瓶和塑料盆，只这两样有些色彩，我们依然奉上供养。趁菩提师兄和田秘书向师父嘘寒问暖之际，我们大队人马回到熊嘴石处。这里相对宽敞些，大多数人已经东倒西歪，很多人提议就地打尖，看时间已经过了晌午，也就随大家的愿，四处分散坐了，拿出干粮一同分享。

牛爸爸牛妈妈特意准备的香椿，由于饭盒的盖子没有盖好，流淌得到处是油，引得牛妈妈嗔怪。听老人家斗嘴很有意思，我一面和稀泥（和事佬），一边夹了一个罐罐馍（关中特有的硬面蒸馍），也许是饿了，也许是牛妈妈的香椿太好吃了，午餐吃得很香甜。快吃完饭，菩提师兄他们才回来，招呼他们吃饭，我和老人家笨鸟先飞地先上山去了。逆水而上大约二十分钟，来到了一片松林掩映的院落，从外面看有两进院落，院门上一块“无预约恕不接待”的牌子，让我们却步。好在柴门的两边有两块大石头，牛爸爸和牛妈妈各坐一块，我戏言他们是哼哈二将，他们也欣然就职。

不消一刻工夫，大队人马上来，田秘书说这就是此行的目的地。众人欢呼雀跃，也许是院中的师父听到了我们的喧闹，一位尼师迎了出来，开了门让我们进去。跨过第一进院子，进入第二道院门，有一个干净整洁的院子，院中有一丛竹子还有一些堆砌的石头，算是影壁，绕过影壁就是院子，人多，院落显得有些拥挤。引我们进门的尼师赶紧将我们往厨房后面的石桌边上引，大家将生活给养奉上。

事先得到通知，师父为大家煮了黑米粥。看我们到了，这里当家的持信师父亲自下厨为我们做了三个菜，一个是土豆丝，一个是干豆角，还有就是大家最钟情的梅干菜炒黄豆，吃在嘴里，齿颊留香，菜里的豆筋更是咸淡适口。原本已经吃过干粮的人们又纷纷端起碗，风卷残云起来。

吃饱了，我和牛妈妈连同接我们的尼师一起上后山走了走，山上还有师父开垦的大片土地，在山上还有一个闭关的茅棚，路上闲谈才知道尼师的法名叫妙湛，半年多前来到这里住山，住在下面溪水汇集的那个茅棚，今天是特意上来帮忙的。尼师说这里的师父很有修行，如果我们有什么问题可以向师父请法。尼师一路都很谦和地笑着，我和牛妈妈问东问西她也不烦，耐心地回答，碰到不好回答的问题就和善地不置可否地笑笑。

从山上下来，山风将丝丝细雨带来，同来的美女们穿的衣服不够，冻得哆嗦，都进屋避寒去了。菩提师兄、田秘书、同来的一位师父和持信师父在廊下品茶论道，丝毫没有被山雨打扰的意思，回来后我也和牛爸爸加入进来，从不同的人那里听来不少奇闻逸事，一直想去的十字圣山的事情从一心居士那里得到印证，相约在母亲节前夕成行。

时间在细碎的低语中流逝，不忍辜负这房前院后的松林波涛，我和牛妈妈再次从院子右侧上了那片自然形成的松林。听师父说这里的林业局为师父发了护林队的徽标，让师父守护这片自然的丛林，师父时常要在闲暇时去上面看看。我们沿崎岖的小路而上，脚下是松软的松针，头顶被层层叠叠的树冠遮蔽，一点雨也淋不到。地上到处是松塔，这里的松塔比我们在万山上捡拾的要大许多，我和牛妈妈忍不住又捡拾了一些。

没有地方装，我解下围巾包裹着我的战利品。山上随处是人头蜂的府邸遗骸，听说这是中药，畏惧人头蜂的厉害，我们没有造次。因为牛妈妈没有拄登山杖，妙湛师父不放心，找寻了来，我们不忍师父操心，恋恋不舍地下山。下到院子才发现大多数美女已经畏惧风寒下山去了，只是牛爸爸带领几个小伙子去远处的林子挖松树苗还没有回来，我们略坐了坐，等牛爸爸他们回来就向师父辞行。行前，我将女性用品和一些冻伤药悄悄地塞给妙湛师父。

下到山底，菩提师兄因为晚上要搭飞机，先乘车走了，我们又沿途拜访了几位居住在山崖壁上的修行人。巨大的山石横卧在半山上，山石和地面狭长的缝隙就是修行人的禅堂，还有天然的山洞。在这些人烟罕至的峭壁上，师父们过着勉强可以果腹的生活，脸上却是灿烂的微笑。昨天在宝鸡，好好先生说："人生像房子，朋友像窗子，窗子多了房子就亮堂。"《音乐之声》中院长嬷嬷有一句著名的台词："上帝在这里关了门，却在那里开了窗。"修行人的生活，也如同为我们开了一扇窗，让我们的生活，通过这扇窗，照耀进来一缕阳光。

路上路过霞光童子，海莲慧光师父的山涧茅棚，千辛万苦地涉水过河，到了师父门上，发现师父正在用功，众人不忍打扰，将东西放在院中的石头桌子上，又悄然地原路返回，他日有缘再来拜会。

顺流而下，行车大约十分钟，峭壁上还有一个茅棚，河谷很深，我们下不去，只有田秘书和师父，还有几个身手敏捷的男士带着东西下去。下到河底，湍急的河水阻挡了去路，师父从对岸涉水过来，连同下河的人一同来到车子跟前向大家道谢。

这时我才看清楚是一个尼师，看样子师父的年纪与我相仿，自述去岁地震后来到这里。师父是四川人，不惯北方的干冷，脸被冻伤，还有一块块青紫，耳朵更是冻成严重的紫黑色。涉水过来的僧鞋已经浸湿，我注意到师父的鞋子已经破旧不堪，追问了半天，师父才说她的鞋子是三十八码的，心下盘算着要为师父买僧鞋和胶鞋。说话间才知道，春节前田秘书他们为师父送道粮时，师父正在止语修行，田秘书他们将粮食放在师父门前就走了。师父们的修行生活震撼着同行人的心灵，回来的路上，车里出奇的安静。

昨日应邀去宝鸡，和那里的女企业家们分享了一些使我受益的国学、佛学、心理学、神学、灵修、艺术等，也包括日常生活中使我受益的点滴。听讲的一位美女送来一捧硕大的百合花，现在静静地在佛前绽放，一阵阵的幽香，沁人心脾。

清晨被花香唤醒，佛堂传来了袅袅梵音，新的一天开始了。回顾过去的一周，丰富多彩。昨天下火车回来的路上，看到一个五彩缤纷的霓虹灯“美好时光”在闪动，想这周正可以用这几个字来形容。

送药

清晨，我冒着阴沉的薄雾出发了，向着终南山大峪方向进发。

此行的目的是为在山中修行的一位八十六岁的老比丘尼送药。二十日接到心一居士的通告说：“嘉五台白道峪平安寺八十六岁常华尼师病重，十八日供僧时发现一个人病倒茅庵无人照顾，麻烦师兄抽空可前往探病。由于兴教寺正在为常明老和尚治丧，我无法抽身探望。老人独自一人住山三十年，患有严重气管炎和冠心病，不愿下山看病，怕麻烦大众。恳请大家发心探病，欲前往探病的师兄在韦曲城南客运站乘923路公交嘉五台站下，进白道峪，可以在一天门向罗贵师打听常华尼师茅棚位置，心一合十。”自从接到师兄的通告，我的心就为生病的尼师揪着，这么大的年龄，一个人生活在大山深处，又重病在身，其艰难可想而知。

一大早就匆匆上路，一路上心急如焚，没有心情观赏美丽的田园风光，拿出随身携带的书在车上读着。车子是新近开往市郊的公交车，售票的大都是农村来的时髦青年，大声吆喝着上车的乘客，乘客也多是附近的农人，有赶早集归来的农妇，有回娘家的小媳妇，有采买回来的庄稼汉。整个车厢里的农人们，好像都是亲戚乡里一般，相互大声地说着乡野共同的人事。

过了杜曲新村，就进入了乡间小路，路两旁时常有一个个苗圃掠过，极目远眺，红的、黄的树苗成片地在浓绿的田野间展开，仿佛是绿色地毯上镶嵌的各色花饰，按照顺色一字排开，先是近处莴笋的黄绿，再是结荚油菜的草绿，后面接着是抽穗麦苗的苍翠，还有远山如黛的墨绿。长安自古多福地，车窗外掠过的也是一段段历史的遗迹，有三官堂、王莽园艺场、清禅寺等，一个个名字背后那一段段曾经辉煌的历史，已经随风飘逝。

车行至官家村，看到“护国道安寺”的牌子，惊异自己看书看到的“道安认为‘大师之本，莫尊释迦’，凡佛信徒应以释姓为姓，自此方有沙门姓释之始”，竟然离自己如此近，从东晋到现在两千年的历史，竟然触手可及。今日事忙，他日一定要专程拜谒。

车子一路在历史和现实中行进，突然发现聒噪没有了，转头张望才发现车里就只剩下司机、售票员和我，售票员正百无聊赖地点着手中的零钞，和司机有一搭没一搭地闲聊着。我掏出记录地址的纸条，拜托司机到地方叫我，因为自己没有去过，不知道该在什么地方下车，司机还算和善，说我要去的地方在终点附近。

车子行驶了大约一个半小时后，我被通知下车，在一个没有人烟的路口，司机说这就是我要找的地方。下车后，我一阵茫然，不晓得何去何从。路上没有一个行人，过往的车辆大都风驰电掣地从我身旁掠过。沉思片刻，先辨别方向再找电杆，好在乡间的电线杆上大都喷着名字，很容易在路边找到一个喷着“白道峪”的电线杆，顺着电线杆一路拐进小路，过了一个十字路口，才正式上到真正的乡间公路，两旁是乡间特有的行道树，这里虽不如太平峪天路那般笔直，倒也有一些不凡的气度。

沿着这条小路步行了大约二十五分钟，我终于碰到一对乡间的小夫妻，男人在前头走，女人在后面随，怀中还抱着一个一岁左右的孩子，我赶忙上前打听路，夫妻俩很是热情，只是说到我要去的地方，那妇人说恐怕要爬三个多小时。她的话没有说完，我的心就开始打鼓，原本心一居士说下车只要走三十分钟就可以到，现在这个人说要走三个小时，我完全没有心理准备。怎么办？后悔没有等道友晚几天上山，既来之则安之，我还是决定上山，不管多远。

在穿越了一个狭长的村子之后，终于到了山脚下，山脚下有一些简易的农家乐和卖饮料的摊子，还有一个售票处。售票处一群无聊的汉子在打扑克，房间中乌烟瘴气看不清楚，我努力地说明来意。买票时，一个人听说我是给师父送药的，大度地手一挥，只收了我五元，说原本是八元的，自然少收了钱就没有门票。见桌子上有一个简易的地图，我讨得一张。按照看门人的指示，我走到了山间小路，一段不长的土路后，碰到一个中年农妇，那妇人问我是一个人上山还是和刚才那两个一起。听说有游客，我赶紧说和刚才那两个人是一起的。知道前面有进山的游客，我欣喜若狂，在这荒僻的野山中，我一个人要想找到不十分明确的茅棚，可想而知是多么困难。我拼命地追赶前面的游客，在翻上一个高高的墚后，终于看到一男一女两个身影，我拼命地喊："小伙子，等等……"当我上气不接下气地赶到他们身边时，看到是一对年轻情侣，我对他们说："小伙子，抱歉。要给你们做灯泡，山路上除了你们再没有别人，一个人走有些怕，我们是否可以结伴而行？"小伙子爽快地答应了，细问才知道小夫妻是登山爱好者，今日恰好两人都有空，也是搭市郊巴士来的，可能比我早一班到。

这个山完全是自然状态，除了沿途的文明垃圾可以告诉我们这里有人造访外，找不到一点旅游景区的模样，难怪门票凭手一挥就可以减免。山的荒蛮超出了我的想象，我们经常要在小溪中涉水走过，许多地方根本没有路。一人孤单，两人为从，三人为众。幸好我们碰见彼此，相互有个照应，这荒山野岭也显得不怎么荒凉。一起观山阅水，说着共同感兴趣的话题，道路的艰险倒不似那么艰涩了。

进山快一小时，我在岔路的上方发现一个茅棚，他们两个在下面等我，我一个人沿崎岖的小路爬了上去，在快到顶时，碰到一个下山的汉子，他告诉我上面是安心茅棚，看起来近在咫尺，走上去还要一会儿。听到茅棚中有多人说话，我不忍叨扰，就在汉子的指引下从另一条好走的路下到大谷底和我的旅伴会合。我们不晓得在山中攀登了多久，终于找到一条相对宽展一点的山路，在这山路上碰到一个背着巨大包裹的年轻人下山，我再次向他打听我要去的地方，他说此去再上两个陡坡，大约三里路就到了。这个人不像是山民，也不像是出家人，我揣度大约也是寻访隐士的修行人吧。道过谢，我们按照他指的路，一路看到山中的许多木变石，仿佛这山是木头做的。

巨大的木变石还可以寻到树木的心，突然想到，古人看别人家道是否殷实，不看他家的房子多么宽敞华丽，只要看他家的树有多粗。这树记录着岁月，是做不得假的，这一山的古树遗骸，若是埋在地下将是一个多么大的焦炭矿脉，若是再久远些，那又将是一个多么大的钻石群。万幸万幸，你们在地壳的运动中，没有被埋在地下，否则怎可逃脱现代人贪婪的魔爪。山涧中有潺潺的流水，滋润了大山里的植物，很多路被艾草、蒲公英覆盖，不忍心践踏，只有在夹缝中跳来跳去。晌午过后，我们终于找到了平安寺，过去叫太白庙。庙不大，却十分干净整洁，叩了半天门，来了一个瘦弱的农夫开门，门内的小院中正坐着我要寻访的人——常华尼师。

师父比心一居士给我的照片要憔悴很多。她穿了一身棉衣棉裤，坐在廊下的一个蒲团上，正指挥着农夫和一个农妇捡香椿，不大的院子满地香椿，正被分拣成大中小三等,分别被农妇用盐揉捏着腌制起来。我和师父说明来意，将带来的药给师父，交谈中才知道师父不识字，也有药，只是平日乏人照顾，很少吃药。在此修行三十多年，一个人习惯了，有病就靠念佛经。我劝师父病了还是要看的，然后将药的用法和剂量告诉那农夫，请他劝导师父吃。

师父大概是病得沉重，说一会儿话就要喘息，左半边脸肿得厉害。农妇说她经常几天不吃饭，我有心帮师父做一点饭，被师父呵斥了，说城里人做的饭吃不惯，让我不必费心。说她如今没有本事给我做饭，招待我，我赶紧说师父不要挂碍。听说这两个农人也是附近村子里的，本来要去上山，被师父叫来帮忙。师父说话口齿不大清楚，时常要农妇翻译给我听。正说着，山雨不期而至。我劝师父回房歇息，师父不肯，只好帮忙扶师父回房。我告诉师父我会帮忙将香椿摊晾在大殿的廊下，不会让它淋雨。

收拾完院中的香椿，进殿礼佛后，我向师父辞行。师父已经坐在了炕上。虽然是火炕，但没有烧，床铺得也很简单。师父坐在炕沿上好好训诫了我一番，让我下山。我说:“师父，我过段时间再来看您。”她说不要，一个人惯了，不喜打扰。她正在为即将到来的五一发愁呢。我说："那我要想你了怎么办？"师父说："你心里记挂着师父，师父心里记挂着你就可以。如果听到师父圆寂了，你来看看就可以了。"师父说得淡然，我也不便勉强。走时要供养师父，师父坚决不要，说钱最害人。出门时师父抓了一把大点的香椿，让我带回去。

顶礼师父，恋恋不舍地出门，送我出来的农妇拒绝了我拍照的请求，说她只是偶尔来帮忙而已，不足为谢。我给她钱她也坚决不要，送我出来就赶忙返身回去忙碌了。

出来和同行的旅伴会合，看雨越来越大，他们也准备和我一同打道回府。我只有一把小伞，和女伴合用有些紧张，小伙子只好冒雨。山上的气温骤降，我们每说一句话，呼出的气都是一团白雾，回程我们选择了一条有车辙的路，下雨路滑，宁可远一些也要保障安全。山里的雨时紧时疏，脚下的路逐渐泥泞。好在走过拖拉机的路，路基基本坚实，我们绕行了很远才沿着铁路线找到来时的路，惊奇地发现已经绕过了收费口。快到山脚时，在铁路变电站的外面，有幸和野鸽子相遇，在路上女伴竟然看到了野兔子。

回头望着出来的大山，我们走过的地方已经被一袭淡墨色的云雾缭绕着，想必那里的雨更大，心里默默祈祷师父的病可以慢慢好起来。

身上的衣物如同房舍上的爬墙虎，在风雨中瑟瑟发抖，身体仅有的温度一点点在风中飞舞而去，瑟缩着身体等来了一辆车窗没有玻璃的车子，奔驰的汽车裹挟着风雨，让车里的我们不寒而栗。旅伴们分我一袋干吃面和一瓶水，干吃面很快就消灭掉了，因为手已经冻得麻木，水怎么也打不开。坐在后面的小伙子看见，帮我打开。喝了一口，就觉得那水带走了我仅有的一丝体温。阵阵寒冷从里至外散发，在风雨中行进了一个半小时，终于到了。

回到工作室，已经快下午四点。换下湿冷的衣服，烧了一大壶铁观音，拼命地喝了几杯也没有暖和过来。在柜子里找到一盒八宝饭的罐头，在水中煮了。刚填下肚去，约好的道友就到了。为着台湾师父们的事情，我必须马上再上一趟终南山观音禅院。

坐在车里，觉得胃里吃进去的不是饭而是一块大石头，沉重得不行。歪在车的后座上，怎么都找不到一个舒服的姿势，一路折腾着到了观音禅院。寺院的大门已经关闭，只有走耳门进去。到观音殿，看到师父在小斋堂下厨，赶忙帮厨。师父说知道我们要来，在给我们做好吃的年糕汤，说吃了就不冷了。

不忍拂了师父的美意，勉强喝了些汤。汤和肚里先期的八宝饭战斗上了，让我更加难受，为了不在师父面前失仪，我去帮忙洗碗，尽可能站着，让“战场”宽敞，使食物斗争得不要那么激烈。

饭后和师父商量工作的细节，间歇师父让我摸她的太阳穴，那头上的血管仿佛变成了心脏，一跳一跳的，十分吓人，师父说她头痛欲裂。我帮师父按压合谷穴，以期减轻她的疼痛。师父的头痛是最近操劳过度所致。偌大的寺院，主事一人，有在建的房舍，有要种的庄稼，还有要照管的孤儿……有太多的事情需要师父操劳，师父是太累了。说完事情，我们马上起身告辞。从幽深的寺院，到繁华的都市，这一天过得是这样行色匆匆。回到家已是亥时，探望了早上回来的父亲，回到工作室已经接近子时了。

时间就在这样的穿梭中逝去了，每到睡觉时就发现，书没有读，事没有做完，还有太多的心愿未了，期待着明天，可以将未尽的事情办完，期待着可以睡到自然醒，期待着可以有充足的时间看书，看山，看水。

禅堂是最高学府

人人心中都有自己认同的最高学府，或曰高等院校，或是高级法院，或为高官政坛，或系高管商界，然，觉悟者视禅堂为最高学府，因为这是选佛场。

——纯道题记

百岁长老德林，十九岁在扬州高旻寺出家，蒙来果禅师器重，被定为禅宗之临济宗四十七代正胤。德林长老被誉为禅门泰斗，近三十年来，致力重建高旻寺，恢复坐香和打禅七制度，整肃禅规，重振宗风。德林长老亲自设计的高旻寺禅堂，能容纳五百人跑香、坐香，被称为“中国第一禅堂”。有关德林长老开示内容和道场情况如下：

一、小疑小悟，大疑大悟，不疑不悟。起疑情，九法界的众生，都在这个疑字的大关之中，困得牢牢的，不得解脱，必须打破这个疑情。可如果没有这个疑情，我们还没法成佛，小疑小悟，大疑大悟，不疑不悟。一个疑，一个悟，悟则不疑，疑则不悟。

那我们从疑到悟，也就是从众生到佛了生死，这期间要有多少疑？有没有数？有没有一个规定？有多少个疑，就要有多少个悟，究竟有多少疑，有多少悟？这在我们禅宗讲，“小悟无其数，大悟十八个”，这也不是一个固定的标准。

若按教理讲，从凡夫位到观行位，从观行位到信位，从信位到住位，又从初住开始，十住，十行，十回向，十地，等觉，到妙觉，佛是大彻大悟，大彻大悟了，疑就没有了，完全没有了。没有大彻大悟之前要经过多少悟，要破多少疑，到底该疑多少次，悟多少次，那是因人而异的。上根利智的，可能一悟就到底，就透彻了，下根钝根的人呢，那就要一步一步地走，小悟无其数。就说我们今年在禅堂打七，你说没有人开悟吗？有，不能说没有，可那个悟大不大，彻底不彻底？那就要问他自己了。

二、众生迷了，就要受生死苦。有人说，念佛是谁我不会参，不会起疑情，那别人怎么会参呢？别人怎么会起疑情呢？这样讲来话就多了。疑情是什么？疑情就是不明白。众生之所以跟佛不一样，就是他不明白，不明白就是迷，明白了就是悟，悟了就成佛。众生迷，就要受生死苦。为了解脱这个生死苦，就要学佛，就要参禅，就要从不明白处入手。

从这个不明白处疑进去，久而久之，疑团打破了，他就开悟了，明白了，这个明白就是从不明白的地方来的。你看，这说了许多，明白不明白的，有些人还是听不明白。学佛不容易，六七个七打下来，许多人还不晓得什么叫作念佛是谁，这个路头还没有摸到。也不要着急，只要你心在道上，精进不懈怠，总会慢慢做上功夫的。

三、会心一笑，心有灵犀一点通。什么叫作破颜微笑呢？就是脸面上一种微妙的微笑，粗心的人甚至觉察不到。这叫会心一笑，心有灵犀一点通。大迦叶的心跟释迦牟尼佛的心，相应了，心心相印，感应道交了，就是那种心情，这叫微笑，粗心的人注意不到。佛看得出来啊，佛的眼睛那不得了。所以佛说："吾有正法眼藏，涅槃妙心，实相无相，微妙法门，不立文字，教外别传，现付嘱于摩诃迦叶。"于是大迦叶就成为西天禅宗的第一位祖师。既然大迦叶和佛已经心心相印，没有什么两样了，那就是成佛了，可为什么释迦牟尼就称佛，而大迦叶不称为佛而称为祖呢？这是因为一个世界只能有一个教主，这个娑婆世界已经有了释迦牟尼这个教主，别人即使达到了成佛的标准也不能称为佛，只能称为祖。

就像一个国家只有一个主，不管称为大总统还是主席，只能有一个主，不能有两个主。一个国家，一个家庭，都是这样，娑婆世界当然也是这个样子。释迦牟尼是娑婆世界的教主，三界导师，四生慈父，以释迦牟尼佛为主，这是所有佛弟子公认的。别人即使也开悟了，也达到佛的境界了，他也不能称为佛，可以称为祖，祖祖相传，心心相印，从迦叶到阿难，一代一代传下来，一直传到第二十八祖达摩，达摩祖师是西天的第二十八祖，到我们中国来，成为中国禅宗的初祖。

四、用参禅的功夫，去围堵妄想执着。禅是什么，这么说有些人可能会摸不着头脑，那么我们可以说心，人人都有心，参禅也是修心，心有病了就要修，什么病？就是妄想，不仅妄想，还有执着。一切众生皆有如来智慧德相而不能证得，就是因为这个妄想执着。

从释迦牟尼佛拈花示众的那时起，宗门下的禅法就紧紧地抓住了这个根本要点，从妄想执着下手，用参禅的功夫，去围堵这个妄想执着。我们这个道场参念佛是谁的法门，让学人起疑情，由疑发悟，就是依据这个道理来的。起疑情从哪里来？是由祖师们发明的吗？祖师们让我们起的疑情，和释迦牟尼佛灵山会上拈花示众大家起的疑情，有什么两样？祖师和佛是心心相印的，佛佛道同，祖祖也道同。

五、信是道源功德母，长养一切诸善根。佛法是观机设教，众生根基浅薄，要想学佛，要想了生死，就必须依教奉行。对于祖师立的这个法门，你必须信得过，要坚信这一法能够开悟，能够了生死。你如果不信这一法，就不要到这个道场打闲岔，你可以到别处找个你信得过的法门用功去。这个信心是很重要的，“信是道源功德母，长养一切诸善根”。

信仰信仰，信是仰信。如果你说我要亲自看到、摸到这个东西，我才肯相信，那你就别学佛了。念佛的人求生西方极乐世界，极乐世界几人去过？你说师父，先带我去看看那个极乐世界，再跟你学念佛，好不好？可是念佛人凭什么求生西方？首先凭的就是这个信心，一切法从信心生啊。念佛要有信心，参念佛是谁更要有信心。我们这么多人，不妨各自问一下自己，你对参禅这一法有信心吗？你的信心坚固吗？

六、放下妄想，放下执着。大家熟悉的《楞严经》有十卷，有几万字，到底说了什么？就一个字：歇。经就是道路，这个修行的道路怎么走呢？就是把心歇下来。万缘放下，万缘是什么？就是妄想。放下妄想，放下执着，什么都放下，放得干干净净，那就不要修行了，现现成成的，歇就是菩提。深参念佛是谁，起疑情，是做什么？还是放下。一起疑情，一切妄想自然就都放下了，心跑不出去了，回到了本地，这就是歇。所以说，参念佛是谁，最重要的是起疑情。

七、佛氏门中不舍一法。《华严经》讲："理无碍法界，事无碍法界，理事无碍法界，事事无碍法界。"四法界将世出世间一切法都包括在内了。佛氏门中不舍一法，是说在理上一无所有，不染一尘，在事上一切都是，都不能舍弃，也不能排斥。世出世间法都是佛法，佛法界是佛法，菩萨法界是佛法，声闻缘觉法界是佛法，人天法界是佛法，阿修罗法界也是佛法，地狱、饿鬼、畜生三恶道也都是佛法。这叫作佛氏门中不舍一法，十法界依正庄严，都是佛法。

八、忘失菩提心，修一切善法都是魔业。为了让我们发菩提心，了生脱死，佛给我们亲身示范，做了榜样。释迦牟尼是怎么成佛的？上升兜率天，下降皇宫，游四门，观生老病死，逾城出家，雪山修道，是这么来的。生老病死人人免不了，即使是佛，作为悉达多太子，同样也有生老病死。他意识到生老病死这个问题太大了，于是不惜辞亲割爱，逾城出家，雪山六年苦行，菩提树下夜睹明星悟道，这不是很明确吗？

佛就是亲身示范，给我们做了一个榜样。我们学佛，就要学这个。古人讲，

“忘失菩提心，修一切善法都是魔业”，发菩提心就是这么要紧。因此，我们时时刻刻、心心念念都不要忘失这个菩提心，要做成习惯，做成功夫，出入往返，语默动静，任何时间任何场合都不离开这个，否则生死怎么了啊？

九、佛法是专门破迷开悟，了脱生死的。要想学佛，首先要发菩提心，念生老病死苦，发无上菩提心。菩提心是什么心？是觉悟之心。我们这个心过去是迷的，没遇到佛法，这个迷始终是不能解决的。遇到佛法，佛法是专门破迷开悟，了脱生死的。发了菩提心，就开始觉悟啦。菩提心有深有浅，三皈五戒十善是菩提心，四谛六度十二因缘那也是菩提心。“我今发心不为自求人天福报、声闻缘觉乃至权乘诸位菩萨，唯依最上乘发阿耨多罗三藐三菩提心，愿与法界众生一时同得阿耨多罗三藐三菩提”，这才是真正的胜义菩提心。这是我们平常晚课，念八十八佛大忏悔文前面的几句话。那菩提心要持续，不是一发过就算数了，菩提心要有连续性，不间断，那是真的菩提心。

十、禅堂是最高学府。禅宗道场必须有禅堂，高旻寺这个禅堂有一个专门的名字，叫道海堂。道，就是佛道，佛道、佛法，就像大海水一样，博大精深，包容一切。禅堂还有两个别名，一个叫选佛道场，一个叫最高学府。怎么叫选佛道场呢？禅堂是用功办道、克期取证的地方，你在禅堂中开悟证道了，那就是成佛了，因此禅堂是选佛道场。

为什么又叫最高学府呢？这里要注意，不是说高旻寺是最高学府，普天下佛教的大小寺院，所有的禅堂，都叫最高学府。为什么这么说？佛法是这个世间最究竟的学问，而禅是佛法的核心，是向上一着，那这个禅堂不就是最高学府了吗？当然，说禅堂是最高学府并不是说佛法有高低。佛法是平等的，没有高下，“心佛即众生，是三无差别”。《大智度论》中有几句话：“佛法大海水，不说有是非，凡夫贤圣人，平等无高下，但在心垢灭，取证如反掌。”

第四篇　有趣地生活，诗意地老去

慢慢来

有机会觉得自己能力有限，不善交际，沟通有障碍。很多人说我讲话语速慢，也许是习惯了，我自己并不觉得。其实更大的问题是我反应慢，一边想一边说，反应慢自然说话就慢。时常佩服很多人周旋在各色人中游刃有余，而我永远是一杯温吞的白开水，慢慢来。

一直喜欢用文字这种表达方式，是因为文字书写过程符合我的反应速度，写字对我而言是轻松愉快的，一边想，一边写，可以让自己的所思所想逐渐流淌出来，释怀了，文字也写完了。每每安慰自己，写字是为了自己暮年的某个午后，坐在摇椅上摇曳岁月的资粮。有人让我出书，先是羞怯，心里惴惴的，像不小心泄露自己的某个秘密。被朋友鼓励着，渐渐地鼓起勇气，点滴记录下来，发现找到一种悦己愉人的表达方式，实在是一件幸运的事。

我一直专注于自己喜欢的事，活在自己的世界里怡然自得。原想在自己的书房和工作室做一条辛勤耕耘的蚯蚓，现实好像不允许，无可奈何地走入世间，一直习惯怎么想就怎么说的我，常常发现自己没有沟通的智慧。习惯了计划，突发事件时常让我措手不及，完全没有章法，好在有师姐从旁解围，总算涉险过关。

讲话时每每发现，原来与别人的期待相去甚远；反观自己，发现自己时常没有找对平台，对话不在一个平台，同决斗没有对手一样，是很寂寞无趣的一件事，我无聊别人也必然难过。怎样才可以增长自己沟通的智慧？我想了又想，许自己一个期限，慢慢来吧。

不仅自己反应慢，连记忆力也滞后。前阵子心心念念朋友的生日，到日子却忘得干净。好在朋友是了解我的，不与我计较。期待所有朋友都对我如此宽厚，时常可以原谅我的粗心大意，恕我疏于问候之过吧。许我一个期限，让我慢慢来吧。

智慧与聪明

《现代汉语词典》上说："智慧，辨析判断，发明创造的能力；聪明，智力发达，记忆和理解能力强。"先祖造字，有其深远的意思，单从字面上来看，"智"是日字底一个知识的知，也就是说要日益增长知识，才叫作智。智和慧这两个字不能拆分，有智无慧不圆满。所以常常将智和慧连在一起。

"慧"字非常有意思，一颗心上面一个扫的半边，再上面是两个丰收的丰字。我理解为，由于我们日益增长的见识和知识，形形色色五花八门，染浊了我们的心，将知识中的糟粕用扫帚从心灵上扫除，才可以获得人生和事业的双丰收，这便是智慧。

聪明从字面解释为：聪是听觉灵敏，明是明亮、明白、公开显露在外。中国人受儒、释、道思想熏习数千年，形成了含蓄、内敛的性格，不喜张扬。因此在中国，聪明一般是长者对孩童的溢美之词。聪明经常和"小"相连，在中国人的睿智深处，智慧与聪明有别。智慧再小都被喻为大智慧，聪明再多都是小聪明。

智慧是道，聪明是术；智慧是德，聪明是才；智慧是永恒的，死而不亡，聪明是短暂的，死如灯灭；智慧是圆融，聪明是圆滑；智慧是自性，聪明是意识。智慧包含了聪明，锋利而无害，同时能圆融四方。

增长智慧是每个人与生俱来的本性，碍于后天过度执着、贪婪、痴心、妄想及懒惰等，使自性中智慧的本性逐渐泯灭，使得自己思维偏颇未及全面，造成事与愿违的结果。

人性中自私的本性在当今经济躁动之下，狰狞地伸出尖利的牙齿，厚此薄彼、损人利己等情况愈演愈烈，社会变成了玩谋弄术的职场。所谓的聪明人，凭一些手腕和钻营功夫获得了一些蝇头小利而沾沾自喜、得意忘形。更多数的聪明人，正为着那一点可怜的小利，不惜出卖朋友、良知，甚至尊严。在“私”字的引领下，人们在色、受、想、行、识五蕴中轮回，随业流转。

“私”字是指属于个人或为了个人。上古时代民以食为天，“私”字主要是说人对食物的贪欲。公和私的不同之处在于，公去掉了贪婪的对象“禾”，在私心上睁开了一双智慧的眼睛。眼睛看到了诸法实相，不再为贪念蒙蔽，就变成了公。公与私是事物的两个极端。

智慧与聪明一路伴随着我们先祖人性的光芒，闪耀了数千年。无论是儒家的中庸思想，佛陀的医病良方，还是道家的无为而治，都不约而同地阐述了一个中道思想。

智慧人人有而不知其有。智慧的人，长行中道，能怀有处事共赢的观念，日复一日地增进个人知性，运用韬光养晦、慈悯谦卑的生存艺术，赢得多方的尊重和认同。智慧的人“穷则独善其身，达则兼善天下”，在事业的低谷修身养心，恢复精力。即使大权在握，也可以淡泊名利，宠辱不惊。这样的人自然得到上苍的眷顾，达至恒久的共赢。

微笑借智慧

一个朋友的签名是：“一个可以睡到自然醒的幸福女人。”前段时间幸福女人突然不幸福了，有一些小小的烦恼，小小的郁闷。我耐着心性倾听，出主意想办法。然对很多事情混沌的我，也想不出有见地的招式。

犹太经济学家威廉·立格逊说："一切都是可以靠借的，借资金、借人才、借技术、借智慧……这个世界已经准备好了一切你所需要的资源，你所要做的仅仅是把他们收集起来，运用智慧把他们有机组合起来。"

于是，到处去借智慧，智慧借来了，幸福的女人又有了一个积极的心态。希望幸福的女人更加幸福，什么时候都有阳光的心态，这样才可以每一天都温暖。小草不因生长在角落就拒绝阳光普照；阳光同样不因它在角落，就不为它展颜欢笑。这个冬季将温暖而快乐。

早上远方的姐姐怜惜地发来短信："江湖险恶，你一个单薄的女子泛舟漂泊，我很怜惜。要知道保护好自己，要利用可以利用的资源，知道了没？别让我为你担心。"我傻傻地回答说："知道了，姐姐！我会小心地使这条小船。"

知道什么？我自己实在是不晓得，只知道几十岁的人了，不应该让人再为我担心。面对纷繁复杂的社会，以我的智慧是没有办法应对的，好在世界已经为我准备好了一切，我需要做的就是软言慰语，含笑借就是了。

爱的真意

最近总是被一些尴尬的问题困扰。原本男婚女嫁是一件很私人的事情，然而在我们国家，周围亲朋挚友关爱的目光总是如芒在背，让我这样的人有些惴惴不安，那日万亩荷塘前阳光下的炙烤，让我下决心将自己的真实想法暴露一二，告慰一下关爱我的人们。

人活在这个世上，无论贫富，对爱的渴望是与生俱来的，无论被人爱或者去爱一个人，都是了不起的体验。沉醉于爱当中的人都能够体会到一种幸福的感觉。然而，爱亦能够带来很大的痛苦，而且你愈爱一个人，那份爱愈是炽热，所带来的痛苦也可能愈大。这种事情发生，也未尝不是一件好事。你会开始看透世情，会有更大的能力去爱。经过磨炼的人生会生起智慧，变得成熟。

前日录制琉璃念珠，中间有一句话："红尘中的红男绿女，希望不要轻易许下爱的诺言，誓言犹如开在舌上的莲花，不可兑现时，花事了了，出尘的莲花也转成了愁怨。"

怕极了被逼问，那个"爱"字从不轻易吐出。为什么很多人只会向对方说"我很喜欢你"，而不会说"我很爱你"？当你喜欢一个人的时候，你只是喜欢对方的表面，比如说话的方式、走路的姿态、外表或者对方的性格。

喜欢一个人并不困难，可是爱一个人会困难得多。假如一个人真的爱对方，这意味着连对方不好的地方也要去爱，这似乎是违反人性的，人性只喜欢接触美好的事物。所以有些热恋中的情侣结婚之后很快以离婚收场，维系他们之间的并非真爱，他们爱的只是自己。当发现对方并不符合自己内心期望的时候，便会很失望，甚至指责对方并不爱自己，这时离婚是必然的结局。

我不确定自己的爱是否伟大到可以包容一切，所以从不敢妄言。曾经遇到过一对痴男怨女，女方被浪漫的爱情所感动，以为结婚之后男方会更爱自己，可是婚后由于男方工作的变动及压力，反而更需要女方的体谅支持。女方的期望落空，男方也表示失望。无尽的相互指责和抱怨，让曾经美好的感情落下了无数的伤痕。

每一段关系在开始时都很浪漫，可是浪漫的爱情往往只是泡沫，似虚幻的美丽，并不能够证明那是真爱。结婚之后一切都要回归现实，每天面对的是柴米油盐、水电费，洗衣机要找人修理，孩子整天在哭……不仅如此，你还要接受对方不同的处事方式和态度。无法想象，如果没有足够的爱，怎样可以共度一生？现今很多人的婚姻都是没有爱的，他们只是住在一起，或者基于各种现实的因素维持这段关系。很多情侣是基于错误的理由而结婚的。这就是为什么现代城市的离婚率越来越高。

除非你真的爱对方，除非你已确定这份爱大到可以使你接受对方的缺点，除非你足够成熟，否则就不要结婚。婚姻会揭穿关系上的谎言。以为领了结婚证之后就不需要再为感情的事而烦恼，不过是自欺欺人罢了。

那么，真爱是什么？真爱就是要我们体会内在的非人性，亦是神性。看看天上的太阳，它不会因为喜欢这个人而为他多照耀一些，也不会因为不喜欢那个人便不理会他。太阳的照耀是无条件的，当你真心爱一个人的时候，亦有点像太阳的温暖一样，连那些你不喜欢的，可是确定对方不可能改变的地方也去接受并包容。这需要双方的付出。正如一行禅师所说，婚姻是一个修行的过程，可以使自己的性格变得日趋成熟。

更深的爱是当对方伤害了你，使你深感痛苦的时候，时过境迁，你依然愿意宽恕原谅对方，这足以证明你的爱是真的。看看那些莲花，它们的根部满是污泥。污泥代表伤害、仇恨和痛苦。每一次宽恕对方，就是内心的一朵莲花在绽放，充满了慈悲与爱。这就是为什么经过磨炼的人生才会有更大的能力去爱。这也是为什么耶稣要上十字架，佛陀要被歌利王肢解，为的就是使自己成为爱及慈悲的化身，或者说用另外一种方式，使自己成道。

真爱就是忍耐、包容、体谅和宽恕。有人说婚姻是爱情的坟墓，如果将婚姻的爱理解为情侣之间浪漫的延续，那么这句话有可能是对的。婚姻中比较稳固的爱是基于信任、惦念、默契、关怀以及悲喜与共的情感，是一种无论对方的生命发生什么事情都愿意支持对方的承诺，是一种细水长流而非惊涛骇浪式的感情，是一种经得起考验的货真价实的感情，比起那些虚幻的爱情实在得多。

还有一点需要了解，很多人试图寻找爱，可是爱并不是饥饿时的面包，不是愿意付钱就可以拥有。唯有当一个人不完全需要爱的时候，而且心中有爱，独处是一件愉快的事情时，他才会得到爱。就好像你没有钱，去找银行说你需要钱，没有一家银行会借钱给你。一旦你有足够的钱，它们便会很乐意为你服务，甚至有很多家银行一起接近你。所以首要的问题是，你是一个爱自己的人吗？如果发现不够爱自己的话，想办法填满自己的银行账户吧。想办法令自己充满爱，爱便会自然发生。

爱一个人并不等于一定要拥有对方，我说这话很多人会嗤之以鼻，但仔细想想,你依然可以用很多不同的方式去爱他。有一些缘分，无论你如何争取，至少在这个时空都不会属于你。重点并不是拥有,重点是对方因你的爱而快乐，对方的生命因你变得更好。假如你真心爱对方，这已经很足够。问题是，对方是否值得你去爱，你的付出是否有价值和意义，对方是否珍惜、欣赏和感激你的爱，这是必须考虑清楚的地方。

今时今日我依然孑然一身，然我并不孤独，并不缺乏爱，我有爱我和我爱的人。谢谢你们一直以来的关爱。

天底下真的只有三件事

写完报告已经是子夜十分，眼睛由于长时间盯着电脑，此刻有些刺痛。原本想睡了，键盘上飞舞的手指也有些酸痛，可是不将今日的心得写出，觉得这样睡了有些对不起自己。毕竟每一天都是此生的唯一。

今日是腊月二十三——小年，在农村这天是要祭灶的。灶王爷自上一年的除夕以来，就一直留在家中，保护和监察一家。到腊月二十三日升天，向玉皇大帝汇报这一家人的善行或恶行，送灶神的仪式被称为“送灶”或“辞灶”。玉皇大帝根据灶王爷的汇报，将这一家在新的一年中应得的吉凶祸福的命运交于灶王爷之手。因此，对一家人来说，灶王爷的汇报实在关系重大。

爹爹的生日恰好是这天，将他老人家接了来。忙碌完分内之事，在傍晚时分，提着专门为爹爹订制的美满蛋糕回来给他祝寿。

也许是昨天的好吃的起了作用，也许爹爹心里本就是在与我玩笑。见到我的爹娘眉开眼笑，日前的间隙仿佛从来没有过，一家人欢欢喜喜地吃了一顿寿宴，往日的欢愉又回来了。我出得门来，轻轻地舒了一口气，总算涉险过关（也许是今日法门寺五方佛前为父母消灾延寿的祈愿起了作用）。不管是什么原因，总之我的幸福生活又开始了。

有时候细细想，会发现天底下其实只有三件事。

一件是“自己的事”。诸如上不上班，吃什么东西，开不开心，结不结婚，要不要帮助人……自己能安排的皆属之。

一件是“别人的事”。诸如小张好吃懒做，小陈婚姻不幸福，老陈对我很不满意，别人不感激我的帮助……别人在主导的事情皆属之。

一件是“老天爷的事”。诸如会不会刮风、地震、战争、开悟、成道……人能力范围以外的事情，都属于老天爷的管辖范围。

人的烦恼来自于忘了自己的事，爱管别人的事，担心老天爷的事。所以要轻松自在很简单，打理好自己的事，不去管别人的事，不操心老天爷的事。

这只是静心在哲学上的诠释，知道并不代表你能办到。除非你能进入“静心状态”去“观照”，你就会“如实”发现。

天底下真的只有这三件事：自己的事、别人的事、老天爷的事。

CLAUDIA

今天又有了一个名字，叫CLAUDIA，直译叫克劳迪亚。是一个老师给起的。想开启一扇观望世界的窗子，因此有了这个名字。和老师的交流还很不顺畅，不过我喜欢这个名字，就像喜欢唐歌一样。

穿梭在繁忙的城市，有时候真感觉自己很幸运。对于我这样简单的人，真不适应这瞬息万变的世界，我自嘲以不变应万变。也许因为自己太简单，一直被别人说年轻等等，溢美之词听得多了，好像有些变质，感觉别人是在委婉地批评。无非是不够圆融练达，接人待物有些不合时宜。

还好我有自知，在自己的世界很少去打扰别人。但是又时常需要接触社会，对于别人的热心提点，我又常常不知所措，让批评我的人感觉，对话不在一个平台，角斗没有对手，这是很寂寞无趣的一件事。知道让别人不自在，我除了尴尬地笑笑外，不知道自己还可以做什么。不如因噎废食地躲进工作室，享受工作带来的欢娱。

滴水观音在沉寂了一段时间后，渐渐开始滴水。早上将一滴滴甘露吮吸在喉，开启新的一天，清凉的汁液让人神清气爽。

器物知春秋，那个曾经寄予厚望的榕树，在掉得只有四片叶子时，我将它放在了空调的主机上，准备让它自生自灭，不想再管它。也许是掉乏了，在剩下两片叶子的时候，它开始献媚地开枝散叶。真弄不懂，我珍惜爱护它时，它奄奄一息地只想弃我而去，现在将它丢在外面，却生机勃勃起来。生命真的不可思议，不管是植物还是动物。

十二生肖

早晨一边清扫，一边看电视。电视上恰好在放十二生肖的动画片，玉皇大帝声如洪钟地宣布："第一名老鼠，第二名牛，第三名虎……"

我们的祖先真是有智慧，十二生肖不但掌管天干地支的流年，就连时间也替我们管理得井井有条。十二生肖中蕴含了大智慧，承载着祖先对我们的殷殷期望。曾经无知地认为，我们的属相土得掉渣，没有西方的星座洋气，羞于启齿，听了动画片才了解祖先的良苦用心。

十二生肖两两相对，体现了祖先对中国人全部的期望和要求。

第一组是老鼠和牛。老鼠代表智慧，牛代表勤奋，智慧和勤奋一定要紧紧结合在一起。光有智慧不勤奋，那就变成小聪明；光是勤奋，不动脑筋，那就变成愚蠢。所以这两者一定要结合，这是祖先对我们的第一组期望和要求，也是最重要的一组。

第二组是老虎和兔子。老虎代表勇猛，兔子代表谨慎。勇猛和谨慎一定要紧紧结合在一起，才能做到胆大心细。如果勇猛离开了谨慎，就变成了鲁莽；而没有勇猛，一味地谨慎，就变成了胆怯。这一组也非常重要，当我们表现出谨慎的时候，千万不要以为中国人没有勇猛的一面，我们祖先追求的是一种和谐的智慧和圆融。

第三组是龙和蛇。龙代表刚猛，蛇代表柔韧。所谓刚者易折，太刚了容易折断。但是如果只有柔的一面，就易失去主见。所以刚柔并济是我们历代的祖训。

接下来是马和羊。马代表一往无前，直奔目标，羊代表和顺。如果一个人只顾自己直奔目标，不顾周围，必然会和周围不断磕碰，最后不见得能达到目标。但是一个人如果只顾着和周围和顺，最后很有可能连方向都没有了，目标也失去了。所以一往无前的秉性一定要与和顺紧紧结合在一起，这是我们祖先对中国人的第四组期望。

再来是猴和鸡。猴代表灵活，至于鸡，以前的年代没有钟，都是听鸡鸣声决定一天的开始，所以鸡定时打鸣，代表稳定。灵活和稳定一定要紧紧结合起来。如果只有灵活，没有稳定，再好的政策最后也得不到收获。但如果只是稳定，一潭死水、一块铁板，那就不会有今天的改革开放了。只有彼此之间非常圆融地结合，一方面具有稳定性，保持整体的和谐和秩序，另一方面又能不断变通地前进，才是最根本的要旨。

最后是狗和猪。狗代表忠诚，猪代表随和。一个人如果太忠诚，不懂得随和，就会排斥他人，而一个人太随和，没有忠诚，这个人就会失去原则。

所以无论是对一个国家民族的忠诚，对团队的忠诚，还是对自己理想的忠诚，一定要与随和紧紧结合在一起，这样才更容易保持内心深处的忠诚。这就是我们中国人一直坚持的外圆内方，君子和而不同。

中国人每个人都有属于自己的生肖，有的人属猪，有的人属狗，这意义何在？实际上，我们的祖先期望我们要圆融，不能偏颇，要求我们懂得从对应面切入。比如属猪的人能够在他的随和本性中，去追求忠诚，而属狗的人则在忠诚的本性中，去做到随和。

中国的十二生肖有这么深刻而实在的意义，作为中国人的后裔，我感到无上荣光。感谢我们的祖先，给了我们这样的期许。

无字天书

今天从寺院回来，被一个道友叫去品茶。一个远方的茶人，一袭素衣。坐在佛堂的茶台前，闭目静心禅坐，许久没有丝毫响动，仿佛入定的老衲。

半晌，她轻开双唇，缓缓吐出一些禅语："用这天地孕育之瑞草，供养诸佛菩萨。"徐徐注入的杯中之物，似舞似蹈的曼妙身姿，淡无颜色，却在唇齿间留下丝丝甘甜。

此茶采自云南，由一家祖孙三代采摘，没有经过揉制，直接晾晒收藏。采摘的时候，由师父在凌晨为这颗生长了八百年的大树诵《大悲咒》结缘，和山河大地结缘，和天龙八部结缘。

第二泡，已经幽香四溢，杯中之物有了些许淡黄。第三泡，香气已经冉冉升腾，装饰了整个虚空。

含着这八百年的天地精华，细细品味，氤酽的香气，温润的热气，顺着丝滑的温热，妥帖地淌下，灵魂随着袅袅的香气飘升。

坐在清净的禅堂中，以一个平常的清净心，细品杯中之物，研读一部大自然的无字天书。

读懂了，很多对大自然的疑问也随之释然。

放飞自己

太阳回家休息了，我也随着暮色归巢了。

一上午在乐闻轩中辛勤工作，明媚的阳光让我感觉一丝久违的温暖，连日来的阴霾也一扫而光。接近中午，发现羽天面有菜色，心下十分不忍，赶忙去市场买菜，想给她张罗一顿可口的好茶饭，补养一下。在去买菜的路上，享受着久违的明媚秋阳，在安静而温暖的光芒中不禁蠢蠢欲动，这样难得的好天气，怎可以辜负？当即决定放飞自己。

怏怏地将午餐结束，拎着包包去和阳光约会。走在布满阳光的街市，心欢快得想跑想跳，拼命地抑制住，保持一个淑女姿态，优雅地向前踱着步子。先是逛了一条小街，在和店主的调侃中享受着购物的欢娱。一时兴起，为自己的衣橱添置了两件长衣。

一个人逛得不过瘾，又力邀挚友风同来。两个平时都忙得找不到自己的女人，为自己放假，享受难得的休闲时光，还不忘为自己安排一杯香浓的下午茶。舒服惬意的时光转瞬即逝，转眼到下班时间，由于风要回家陪子，我们只好恋恋不舍地告别街市。

由于距离不远，又是的士交班时间，我们随拥挤的人群，挤进巴士。下了车拼命地呼吸了一下自由的空气，感觉真好。

到风的家，一下放松了。她家也和我的蜗居一样，些许的凌乱让人没有拘束感。风一直是我钦佩的勤奋人之一。她包包里随时装着速写本，将一个个灵光闪现的瞬间记录，书房中随手翻看的书上都有她用彩色及时贴做的标注，风是个有想法就会付诸行动的人。看到她为即将开业的生活馆做的详规草图，我从心里由衷赞叹。看到她的工作效率和工作热情，我也被感染，创作激情被激发，憧憬着将要做的事，心里充满了工作的欣喜。我们是一对相见恨晚的挚友，在一起有说不完的创意火花，在很多问题上有惊人的相似看法，在做人上都属于不大计较的粗线条。共同的爱好，让我们亲密无间。

有志同道合的朋友，有喜爱的工作，这一天过得真好。

空行的身影

初识邵泳是在一个金刚道友的茶社，由于学佛的因缘，让我和茶社的朴素师父成为挚友，常常光顾她的茶社，谈禅论道。那天下午结束工作，如约到茶社，看到朴素师父和几个年轻人一道喝茶，不忍打扰，径直走到茶园一隅的抚琴台上，拨弄古琴。

大概丝竹乱耳之故，惊扰了朴素师父，跑出来相邀一同坐坐。我素不喜结交应酬，推脱着，不肯同坐。朴素师父回身指着墙上的壁画说，这壁画的画家就在这里。我仔细看看壁画，发现画得竟有些意思，欣然同坐。坐定闲谈，才知道画家是和朴素师父一同朝圣印度的道友，心中又产生一层敬慕。从言谈得知，画家是一个精进的修行者，对藏密有很深的修为。

再度相见是在海天印务的办公室，办公室的墙上，恭敬地供奉着画家的一张“佛祖释伽牟尼”的画像，佛祖站在莲台上，从祥云中徐徐落下。画得法相庄严，佛光普照。这更给我留下了深刻的印象，知道画家是画人物肖像的。走时画家送了一本画册《寻荷园》，在办公室人来人往，吵吵嚷嚷的，心不定，出于礼貌信手翻了翻，没有仔细看。

一日身有小恙，赋闲在家，无意中看到《寻荷园》画册，取来细细翻看，才第一次品出些滋味。画粗看有些散，不似别的画家，有一个强烈的主题，有一个视觉冲击焦点。然形散而神不散，似娓娓道来的散文，先是很平淡的叙述，波澜不惊，随后是一个特别的人物。画家笔下的人物，似从佛经中走来的“人非人等”，亦人似神。画家笔下描述的是他心灵中的空灵世界，祥和安然。人生活在花非花，雾非雾之中，或独自享受静谧的冥想空间，或三五成群，携琴访友，高谈阔论，每一幅画都透着浓浓的禅境禅意。

邵泳的画是建立在有基础之上的空，是空性的。学佛的人都知道，《般若波罗蜜多心经》全经二百六十字，是佛教经典中最为简短的经文。信徒对此经无不熟，无不能念诵的。从邵泳的画中可见他对《心经》已了然于心，“色不异空，空不异色”已经理解透彻，参悟和运用自如。学佛，是要学习心法，让我们当下更加快乐自在。看画，是要给我们提供心灵的愉悦。江山待有英才出，看邵泳的画，让心灵悸动。他的画大气、通透、气场和谐，是当代禅画中的翘楚，其艺品也是凤毛麟角。

今日无意间翻看字典，看艺术一词，《现代汉语大词典》这样解释：“用形象来反映现实，但比现实有典型性的社会意识形态，包括文学、绘画、雕塑、建筑、音乐、舞蹈、戏剧、电影、曲艺等。”我认为艺术是可以带给人心灵愉悦的一种感受，包含的范围更广阔，一切令人动容的外在意识，以及带给人们心灵感应的就是艺术。师父说，一句良言三冬暖。一句话带给人的艺术享受可以持续三年，那么，一幅画带给你的心灵愉悦又会持续多久呢？

离开日常生活的喧扰，心平气和地看画，可以和画家心神沟通，看到画家的精神世界，一个充满灵异的世界。

画家曾经给我描述过一个他做了很久的梦：

从很小的时候，开始做着一个空行的梦。从一个山坡上，静静地展开双臂，深深地呼吸开去，慢慢地，慢慢地，向前方飞翔。山坡、田野、城市，以及我的向往从眼前一一掠过。

这个未曾发觉的梦，一做十多年。又是十多年后，开始慢慢从我记忆中远去。远去的是一个记忆。但在看到空行母与帝洛巴那对话刹那的激烈瞬间，这远去以及那飞翔在眼前的天空一一呈现。惊诧与剧烈的感受中，分明那天空中有一颗我心在飞翔。心似乎又在那静中，慢慢地幻化，幻化为那荷园天空的片片莲花，一片片落下，在怀抱中，在手心里一一绽放。

出现了那些青色，红色，绿色，覆盖在了不同的身体之上，融入这热情的剧烈荡漾里，一刻刻升腾，未有歇止。远处，那空行的身影依然在飞翔，身后，是一个长长的影子，于山峦间跌宕起伏。

心暖暖的，从他的画，我们逐渐走入了他的世界。

爱上一个老头

我说我爱上了一个老头，把朋友们吓得够呛。确实如此，喜欢他的机智幽默。如果时光可以倒流，我真想从佛罗伦萨一路追随到塞纳河畔，徜徉在清冷的风中，再看看那个画速写的中国老头。

黄永玉那老头，总是带着英国绅士的微笑在召唤我，让我无处可逃。那本《比我老的老头》已经买回来两周多，只是看了大半，这在以往是十分罕见的。不是没有时间，是不忍读下去。尽管他用的是调侃和幽默的语言，文字也是承袭了凤凰人特有的温婉和优美，我仍看得唏嘘不已。

每每看到他英国烟斗和鸭舌帽的形象，就仿佛是福尔摩斯在作结案陈词一般，一个个让我仰慕的伟大灵魂，生动鲜活地呈现在眼前，转瞬又消失殆尽。就像一颗颗流星划过天际，遥远得令我神往。仰望黑黢黢的夜空，无论我怎样睁大双眼，再也看不到丝毫踪迹。眼睛由于睁得努力，酸涩得只想流泪，然泪又流不出，心河已经干涸，只有风在呜咽着。一个个听来看来，心痛得无法言语，这样一个个伟大的灵魂，在经历这样坎坷曲折的命运蹂躏后，依然可以发出耀眼的光芒。在他们面前我们是如此微弱，我们所遭受的不及他们千万分之一，还有什么理由故作痛苦？人活一世，贵在风骨，纵使尝尽世间酸甜苦辣，若是贫能安，富不骄，临危不惧，荣辱不惊，一生兢兢业业将自己的使命完成，为自己的一生画一个圆满的句号，不也是一件幸事？

很久没有午休过，今天得以假寐一会儿。将黄老请出来细细读了两篇，一篇是《表叔沈从文》，一篇是《大家张伯驹先生印象》，令我唏嘘不已。每每看到这个版画家的书，就会想起曾经朝夕相处的大版画家修军。九十年代初，我有幸在陕西省美术家协会帮忙，住在美协钟楼的院子，一进门右手的两层简易房的头一间（那房已经随着城市改造的进程灰飞烟灭了），修军先生去画室要从我门前过，我们便认识了。

我也时常跑去老先生那里，先生总是和蔼的模样，永远笑眯眯的。时常看见他推一辆巨大的二八型加重自行车出进，巨大的头颅和矮小的身材有些不相符，一头浓密的灰白头发，像雄狮的鬃毛一般，配上他憨厚的表情，煞是可爱。转眼间，修军先生已经往生十多年了。我们都错过了，那些老人的事，那些旧事已经像冬天凋零的干果，痛苦地瑟缩在枝头，提不起来了。

攀登

早晨拉开窗帘，阳光倾泻满屋。看着这一室的霞光，不忍辜负，呼朋唤友一同登山去。尽管过了午后，出门还是像放飞的鸟儿一样，在清冷的风中，搭上了进山的班车。山上的积雪丝毫没有融化，心里惦念着我的前世（树），就在有她的地方下车。

一路深一脚，浅一脚，从泥泞中攀登上去，到中间和熟稔的师父打了招呼，讨了杯香茶，让肚腹温暖妥帖之后，和朋友向台阶之上走去。一路上穿的登山鞋，不晓得什么原因，总是打滑，才刚攀爬了一小会儿就感觉吃力。一路想着才看过的王石的纪录片，他说这世上最难越过的就是自己。我一路鼓励着自己，也和朋友相互鼓励着，一个台阶一个台阶地攀登。冰雪覆盖了道路，根本找不到上山的路。这时已经在半山了，前面是白雪皑皑，后面是皑皑白雪。四肢并用，让自己尽可能地贴在山上，手下除了雪，怎么也找不到可以抓的东西。能够摸得到的石头都是松动的，稍不留神就会从山上滑落。朋友从枯枝中给我找了一个拐杖。多亏这个救命的拐杖，多次将我从危难中解救，借着它探得雪下是石头还是沙土。山上的石头是靠不住的，大多是沙岩，只有走在风化的沙土路上，才可以多少安慰一点。每向前攀爬一步，都要小心翼翼，不敢有丝毫的分神。在生命攸关的时刻，手机竟然还收到了短信。全部心思都在攀爬之上，心中唯一的念头就是上升上升，根本没有退路。我们攀附在峭壁之上，只有向上才有生路。

在即将攀登到顶峰时，我竭尽全力刚抓住一个寸许粗的树干，脚下一滑，双脚腾空。幸好有那个树枝，我就像一个蝙蝠，靠一枝之力，倒挂在崖壁之上。往下看时，惊出一身冷汗。在这样深的雪中，我们攀爬的角度近乎九十度，真不晓得自己是怎样爬上去的。

在我被朋友拖到顶峰的那一刻，看到眼前一片苍茫，没有人迹。天空变得如此宽阔，劫后余生之感油然而生。面对群山，我长长地出一口气，深深地将清凉的山风吸入，涨满我的全身，我终于战胜了自己，一切都变得那样微不足道，我的前世在那里安详地等我。

下山后，走入滚滚红尘之中，恍如隔世。尽管今日攀爬摔跤无数，身上衣服已经有些不堪，尤其是一双泥脚，沉重得有些步履维艰，但怎么也抑制不住激动的心情，觉得就这样结束这样的一天不免辜负美好时光，索性放肆一下，一路上买了很多平日不常吃的吃食，到城中最豪华的影院慰劳自己一下。

美好的一天在子夜结束……

行走着，快乐着

经过一个夜晚的车程，终于从西北来到了江南。在下榻的朝阳禅寺，用过午斋后，稍事休息。就着和煦的微风，徜徉在安阳山上，同行的两位小师妹，在爬了一会儿山之后就不肯再爬，说是为了明日的活动保存体力。我留她们在半山上欣赏风景，独自去征服那山。

江南的山不似北方山的粗砺，如同江南的人，清清秀秀。绵延的浓绿将山石覆盖，偶尔漏出的石头也是细碎的，上山的路约莫一米宽，路上险要地段是石头垒接起来的石阶，不险要的路基本都是沙土。一路攀登一路欣赏，只一小会儿就登上山顶。

到山顶看到石碑才晓得，此山虽不高却颇有些来历。安阳山得名于周时的一个侯，侯的封地在此，后又卒于此，因侯名曰安阳，此山从周以后就叫安阳山。坐在山顶冥想那个叫安阳侯的人该是一个怎样的人？从山顶望去，无锡市笼罩在一片雾霭之中，缥缈得不怎么真实。真实的只有脚下的万亩桃园，和一泓碧波荡漾的翠绿。

有山水的地方透出的灵秀是北方所没有的。山的大半倒映在湖水之中，波光粼粼中人也和水一同摇曳着，梦幻般迷离。这时，一大群学生搅扰了山的宁静，或坐或卧，笑闹成团。行将离去时看到碑文中写道："一亿七千万年前的一次地壳运动形成了此山。"

碑下一块不规则的石头，引起我的兴趣。石头上的山水痕迹依旧清晰，是一亿多年前地壳运动的刹那永恒？还是大自然的鬼斧神工？石头的腰部有明显人为的痕迹，有两个古人留下的石孔，石孔是贯通的，外面大里面小，呈犄角状。我猜想一定是安阳侯当年遗落于此的，也许它就是那举杯邀月的餐台，月下抚琴的琴桌，或者只是安阳侯思念故乡的供案，或者什么也不是。但我相信，这个石头一定曾经被什么特别的人坐过，我也在上面静静地坐了一下，奈何周围的嘈杂，让我赶快逃离。

经人指点，绕到另一个景点——鸳鸯石。从各个角度看，这个鸳鸯石都很神奇。两块石头肩并肩，手挽手，相依相偎，人们试图用各种办法将它们分开，都是不能够的。一下想到汉乐府名句："山无棱，江水为竭，冬雷震震，夏雨雪，天地合，乃敢与君绝！"不由得让我神游八极，恰好发现一对同命鸳鸯在鸳鸯石下，好浪漫。

乾隆在七下江南时，微服游历过此山。山上多个景点就是这位多情帝王赐的名。比如福洞，就是皇帝走到这里看到很多蝙蝠从洞中飞出。古人认为蝙蝠和富贵谐音，见到蝙蝠就是祥瑞，因此赐名为福洞。走到洞口，见阴气太重，加之如今也不似几百年前的生态环境，蝙蝠也已经是明日黄花，不晓得飞落何处了。只在洞前略站站，沾点福气就好。

惦念着山腰的师妹，匆忙下山，将路走错了。误打误撞走到了一个八路军当年开秘密会议的山洞，山洞有些背阴，人迹罕至，苔藓很厚，踩在厚厚的落叶之上，时常有要跌倒的感觉，小心翼翼地慢慢挪着，还是被青苔滑到，幸好有一浮桥挡住，不然要掉到小溪里了。由于长时间没有人走过，山路和周围的山形混沌一片，要很仔细才可以分辨出哪里是路，哪里是坡。就在我小心地应付脚下，感觉前路渺茫的时候，突然抬头看见了寺院黄色的院墙、红色的琉璃瓦。

和师妹会合后，大家意犹未尽，又相约到阳山镇上逛逛。镇上交通不便，租到一辆当地的面包车，载着我们到了阳山的特色农家乐。农家乐一条街正在建设之中，只有一个叫桃花山庄的地方可以吃饭，在和店家打过招呼后，我们进了桃花山庄。江南的水土孕育的植物也和江南的人一样，有很强的可塑性，灵秀得很，依水而建的亭台楼阁，秀秀气气。万绿丛中的白墙青瓦，将现实社会的狂躁一一滤除，留下的只有宁静祥和。吃饭时要女儿红，遗憾的是没有。我们也想效法刘关张，来个桃园结义，只好用茶代替。只要感情有，喝啥都是酒。

吃过饭出来，才五点半，外面已经是浓得化不开的黑夜。黑夜来得突然而彻底，我们一下走入无边的黑暗。来时看过地形，有个大致的方向，向着那个方向迈进。村庄中没有路灯的点染，黑得干净透彻。逐渐适应了黑暗的眼睛也逐渐可以分辨路上的景物，偶尔掠过的车灯，反倒让人不适应。

在这样静谧的夜里，三个女子走在无人的乡野，没有畏惧，只有沐浴在月光中的安详。信步踱着，偶尔私语一下，不忍打扰这宁静。一个师妹轻声吟唱着“观音菩萨如秋月”的歌，每个人心中的圣洁之光逐渐照耀了前路。柔和的月光伴着歌声，一路送我们回到寺院。刚到山门，师父算准了似的打来电话，我们像出去玩耍的孩子似的，回家了。

糊涂来与明白去

我们可以稀里糊涂地来到这个世界，不可以再稀里糊涂地离开这个世界。

人生在世，一生所为何来？很多人大概都没有认真思考过这个问题。大多数人一直是随业流转。别人读书我们读书，别人怎样我们就怎样，或者是别人让我们怎样我们就怎样。有没有人知道，自己到底想要什么？

前些日在饭后茶余，友人不经意间说到武则天皇帝，说到她的丰功伟绩和她的无字碑。一千三百多年来，人们对此有种种说法，主要有三种：其一，武则天是表明自己功高德大，非文字所能描述；其二，武则天认为自己罪孽深重，还是不写碑文为好;其三，武则天是一个聪明人，认为自己的功过是非，应让后人评价。

有幸读过一本武则天传记，对她的生平略知一二。今天再回头想想，是则天皇帝的修为达到了无我的境地吧。大家还不晓得我们翻开经书的开经偈——“无上甚深微妙法，百千万劫难遭遇。我今见闻得受持，愿解如来真实义”——是出自武则天之手，她有感而发的开经偈是一直影响她一生的座右铭。她也是推动中原佛法兴盛的一代明君。当她真真了解了如来的真实义，明白了，解脱了，知道了世间的诸法实相，是耶非耶还有什么意义？这世上能够像她一样大悟之人实在不多。

作为凡夫的我们，要解决的是眼前的问题，是怎么样快乐自在地生活的问题。这就回到了上面的问题，我们自己到底想要什么？我相信没有人想要烦恼、疾病、痛苦。大多数人想要的是快乐开心的生活。怎么样是快乐开心呢？主要是我们的心，心觉得欢愉了，我们就快乐了。

但是，我们每个人这颗一拳之大的心是极为不安分的。没有钱的时候想钱，有了钱开始想别的，永远没有满足的时候。这个充满欲望的心指引我们东奔西跑，让我们疲惫不堪。

要快乐，首先要让我们的心明白什么是我们想要的、该要的，要不断磨炼自己的心，让它可以在任何时候、任何地方安住。心安住了，我们的快乐就会随之而来，烦恼就会随之而去。心从狂野到安住的过程称之为修行。在这个过程中，我们也会像则天皇帝一样深入经藏，智慧如海，逐渐明白如来的真实义。

我们到世间来可以随业流转，糊里糊涂地来，这是不由我们自己主宰的。但是在整个生命过程中，我们没有资格不善待生命。认真地、明白地活，无愧于生命历程，即使明日生命终结，我们也去得明明白白、坦坦荡荡。

当慈悲遇见贪婪

学佛后增长了慈悲心，每天会在窗外的空调主机上放一些小米和水，供养有情众生。也是因为这个原因，几年来我一直没有用过闹钟，身处繁华闹市中，每天还能够被鸟儿唤醒，对于现代人来说实在很难得，我却一直享受着这样的待遇。

长久以来，我每天喂养它们，它们每天叫醒我，我们相得益彰，生活得很好。然最近发生了变化，通常我出差时总是拜托父母照顾我的花草，帮我喂鸟。这次出差回来，发现鸟食旁的花盆里有两个大坑，花的根已经凄惨得裸露在外面。询问父母，说是不知道，仔细观察发现是鸟儿惹的祸。没奈何购买一些新土培上。生活依旧，我依然每天按时按量投放鸟食。前日下班回来，准备投放鸟食时却又发现，花盆另外的地方又被刨了一个大坑，粗砺的石子散落得一片狼藉。

我供养的鸟儿，已经不满足每日的小米和清水。它要吃肉，吃虫子。奈何我是一个不肯杀生的人，到哪里去满足它们日甚一日的欲望？当慈悲遇见贪婪时，看到愚痴的鸟儿，为满足口腹之欲，造恶因，在业浪滔天中随业流转，我除了悲悯之外，不断地自问："我该怎么办？"

昨日请教一位师姐，她只说了一句话："《金刚经》是智慧经典，从那里面找答案。”我老老实实地、恭恭敬敬地诵读了一遍，最后的偈子：“一切有为法，如梦幻泡影，如露亦如电，应作如是观。”让我莫名地感动。

人世间何尝不是这样，“过去与未来，及而今现在。无有诸众生，不归无常者。一切有为法，皆悉归无常。恩爱和合者，必归于别离。”

缘起而聚，缘灭而散。

牵手

全身上下，来自父母的身体发肤，我最满意的是手。

对于手的偏爱，来自从小家人的唠叨。儿时的冬日，母亲一定要在晚上睡觉前，逼着我用棒棒油抹手。抹了后，又怕手上的油污了被子，一定要在手中滴一滴水，再反复揉搓，直到棒棒油被吸收。稍大一点，棒棒油换成了甘油，省了和水揉搓的工序。到现在每每看韩剧，女主人在卧室抹手，母亲总说：“手是女人的第二张脸孔。”

每到冬天，手异常容易受伤。因为儿时学琴的因缘，指甲有严重的甲沟炎，没有办法剪短。留着指甲的手，如果再不涂抹指甲油，会给人不洁的感觉。为了不让人相看两厌，每天早上洗脸时刷指甲，就成了一个认真的功课。尽管如此，冬季的指甲也会变得异常脆弱，经常折断。上周发传真时不小心左手拇指的指甲从根部断裂，血从白生生的茬口渗出，手指仿佛断了般有了残缺。对于我这个完美主义者来说，实在是如同肉中刺一般不舒服。

上次拍广告时，恰好手也是刚受过伤，拇指指甲劈了。只好藏拙出巧，做了一个掐指的动作，掩盖了过去。

以前认识陌生人时，总是喜欢盯着人家的手看，对于长得漂亮的手，对握手也不反感。对手长得丑的，或是让人感觉不洁的手，总是想尽办法躲避。学佛后，更是以双手合十代替握手。因此牵手就更谈不上了。

许多年都没有牵过手。不是没有机会，只是有洁癖的我，最怕被人牵。前些日子，朋友的女儿来西安，晚上带她去钟鼓楼玩。孩子小怕过马路，就自然牵着手走。那孩子许是挑食的缘故，胳膊细瘦得厉害。在初冬的夜里，小小的手有些冰凉，我握着它，小女孩乖巧地依着我，我心里被浓得化不开的慈爱填满。我的温热一点点传递给她，一路说笑着，将一个古城的精华用细碎的故事串起来。那一晚，我们都开心极了。女孩回到家，和她的母亲说了我牵她手的感觉，还写了关于鲜花和包子的文章。朋友问她为什么写这篇文章，她说“每天开心就像花，不开心就像包子”。我一下笑出声。

那日女孩来时，受她母亲之托，为我带来了一束香水百合。我将花供在佛前，第二天花舒展得开了，满室花香，煞是喜人。晚上见到女孩时，我说我们每天都应该像花一样舒展自己，展现最美好的一面给别人，让每个人看到，心生欢喜，这就是慈善。晚餐吃灌汤包时，教她轻提慢晃，想到愁眉苦脸的人，五官都是痛苦地抽搐着，简直就像包子一样。我开玩笑说：“不开心的人像包子，让我们将不开心消灭掉。”孩子们当时欢呼雀跃，争着做饕餮，消灭不开心。包子吃得是落花流水。那女孩回去竟然将这件事写成了作文，可见是一个有心人。

一个不经意的牵手，给那孩子留下了深刻的印象，除了欢愉，我多少有些感动。想着小时候被祖父牵手的感觉，温暖一点点在周身蔓延。许是从小的习惯吧，怕冷的我冬季总是比别人穿得多些，手也自然比别人暖和些。在冬日和朋友出门，会主动牵朋友冰冷的手，期盼自己的温热一点点传递过去。

因这一点的小善，引得朋友欢喜自在，亦是让我感动。我俩再次聚在一起，去拜访大和尚，她的手里拎着袋子，还是专门腾出一只手来，很自然地牵着我走，我也慢慢习惯了被这位姐姐牵着走，可以很温暖，很放松，很舒服。

温暖的不仅是我的手，更是心的融化。几日前，为了法门寺般若观音的开光，我俩一起去买花。过马路的时候，她要牵我的手，很别扭。好久没有和同性这样牵着手逛街，有些不知所措，心里嘀咕，但是盛情难却，还是被牵着走了一段。她惊诧我的手很冰冷，我也惊异她有这么温暖的手。一边走，她给我讲了一个故事：曾经牵着友人女儿的手，把小姑娘感动得一塌糊涂，赞她比妈妈还温暖，结果友人很嫉妒，十年的养育之恩，竟然比不上一次偶然的牵手。那一日，只要我俩走在一起，她都会牵着我，很温柔，很滋润。她有一双纤纤玉手。

接着，我们一起参加法门寺的开光典礼，一起参观珍宝馆，她又一次牵着我，小心翼翼地呵护着。时不时还摸摸我的指尖，过会儿就把我的手指放在她的手心，暖热了才笑笑说："竟然可以这样带给你温暖。"

友人的赞叹，让我有些汗颜。这双纤弱的手如此有魅力，希望可以如同千手观音一样，牵更多有缘人的手。

涂指甲

今天是个值得纪念的日子，羽天涂指甲油了。这是羽天平生第一次涂指甲油，昨日看见我涂指甲油，她看了又看，还是没有勇气涂，在我的一再劝说之下，今夜她终于为自己涂抹了指甲油。在我看来，涂抹的不仅仅是指甲，涂抹的是生活的勇气和自信。

多年前为了生活，她四处奔波，做过很多事，左手食指少一节手指，为生活付出了代价。

人们都说，手是女人的第二张脸。可以想象，没有了那节手指，羽天心中是永远的痛。此后，爱美的她和很多与手有关的饰品绝缘。为了不触痛羽天，一直喜欢涂指甲油的我，最近有意疏懒了许多，原本一周一涂，现在拖到两三周左右，最近借口忙，更是很少打理自己的手指了。

我涂抹指甲油已经是一种习惯，一种生活态度。对我这样的女人，可以成年累月不逛一次商店，经年不去一次美容院，可指甲是一定要打理的。我小时候弹琴落下的旧患，指甲绝对不可以剪短，剪短了就会引发故疾，什么事也做不成。于是，涂抹指甲油成了我唯一的嗜好。心情好时，我会给左手的指甲画五个不同颜色的戏剧脸谱，展现一个缤纷的手。

来到乐闻轩中，每日与琴相伴。悠扬的琴声，融化了她心中的隐痛，自信随飘荡的琴声一点点回来。看着她小心翼翼地一点点涂抹，我在心中默默为她祈祷，希望她可以战胜自己。果然，她没有辜负我，第一次涂抹，就将指甲涂抹得饱满，一朵朵藕荷色的丹寇在指尖绽放，她一面向我炫耀，一面笑着说：“如果我一直涂下去，十年，大概会节省两瓶指甲油吧！”

我在心中为她骄傲，她战胜了自己。好样的，朋友。

放生

前几天有朋友让我帮忙写一篇放生时的讲话稿，不假思索的，洋洋千字一挥而就。写完时，恰好接到一个朋友的电话，说她要带那个愁苦的女人来，那女人的样子一下在我脑海中浮现，被痛苦浸泡得发暗的五官，悲哀地蜷缩在一起，仿佛世界末日般的沮丧。女人托朋友和我约了多次，都因为诸多琐事给羁绊住了。朋友给我下了最后通牒，说那女人要如何如何，一些可怖的字眼透过电话让我感到阵阵寒意。朋友要我无论如何开导开导她。电话中的声音还在，我陷入了沉思。

刚写完的文字也一一涌上心头，放生的功德是：无刀兵劫，免除战争灾祸；长寿；健康；少病。

上天有好生之德，追求人与自然的和谐，是中国几千年传统文化的主流。中国儒家提出天人合一，人事必须顺应天意，要将天之法则转化为人之准则，顺应天理，方能国泰民安。

中国道家提出道法自然，将自然这个概念提升到了形而上的高度。自然法则独立运行，而宇宙万物皆有其规律。老子认为，自然法则不可违，人道必须顺应天道，人只能是“辅万物之自然而不敢为”，诚所谓“顺天者昌，逆天者亡”。

中国佛家提出佛性为万物之本原。宇宙万物的千差万别，都是佛性的不同表现形式，其本质仍是佛性的统一。而佛性的统一，就意味着众生平等，万物皆有生存的权利。

我们对小鱼小鸟都可以施与爱心，将它们买来放生，为什么不能对我们曾经全心爱恋的人放生？其实第三者也好，经济纠纷也罢，不过是掩人耳目的借口罢了。当初是因为爱才结为夫妻，并无人强迫。二十年过下来，双方已经相互伤害得体无完肤，曾经的爱已经在无尽的伤害中消逝，为着苟活彼此应该放下。

家庭的恩怨，还真说不上孰是孰非。出了问题，真的应该好好想想，难道自己真的就没有过错，错误全都在对方吗？一日夫妻百日恩，二十年的夫妻，该有多深的恩情。今日之痛也只有置身事外的人才可以看清，有时候放下了才会发现，原来原谅别人也就是解脱自己。

爱了，好好珍惜；不爱了，互道珍重，为彼此放生。佛教说救人一命胜造七级浮屠，给那个你曾经爱过的人放生，该是多么大的功德。无缘大慈，同体大悲是佛教对生命平等的看法。

如果还有爱，就给对方一条生路，放他好自过活，为彼此的曾经留下一些念想；如果没有爱，放自己一条生路，让自己不快乐的生活画上句号，准备另一段美好的开始。生命对每个人都是单行道，错过了就让它过去，任你怎样追悔莫及也枉然。挺胸抬头，相信前面有更美好的生活等着你，何必要为没有感情的躯壳陪葬？

晒爷

冬日阳光明媚的时节，关中的老人总喜欢蹲在太阳地里，一边晒太阳，一边捉虱子。将那捉来的畜生，“叭”的用指甲挤死。这是儿时听过的邻家爷爷们的生活。

不晓得自己是不是也得了强迫症，每每到上海，我都喜欢住到静安寺附近，时常要在常德路上走走，想象着那个优雅的妙人，是否如我般踱在这路上。上海一定没有这紫外线味道的阳光，不然紫外线杀菌，怎会有爬满虱子的华美衣袍？今日想来，那时我是羡慕他们可以蹲在高高的土坡上，端老碗、晒太阳、捉虱子……那感觉一定很惬意。

儿时的我基本上是一个比较安静的孩子，因为出身问题，加上身体特别敏感，经常生病，为少一些感染的几率，我的生活中几乎只有我和祖父两个人的影子。冬日里太阳好的时候，我时常要睡到九十点钟，才在床上享受完我的早餐。之后就被祖父背了一同去城墙边，名曰“晒爷”。

时常是靠着城墙坐下来，他絮絮叨叨地读书，我在一旁玩耍，乏了就靠着他在太阳地里睡了。时常在有戏的日子里，他会带我打个牙祭，顺着下马陵走到西安饭庄，一顿美食下肚后，他会去斜对面的五一剧院（那时叫朝阳剧院）看戏。剧院是民国时期留下的，屋内有木头的廊柱，祖父总是爱坐在右手第二个柱子下面的位子上，为的是我好找。后来剧院楼梯下面有了一个小人书摊，祖父看戏的时间变得很容易打发，他总会给我两分钱纸币，让我去那里看小人书。如今，那戏园子和曾经喜爱的美食都已经遥远得像过了一个世纪，仿佛幽深的夜，再也看不见。那个曾经鹤骨松筋牵着我的瘦手，任我怎么也够不着了。

近来碍着父亲突然得痛风病，一家人鸡犬不宁。每日看着他坐卧不宁寝食难安的样子，作为女儿的我，除了将一切别人说的、可以办到的方法替他一一试过，别无他法。躺倒在床的父亲为了转移注意力，开始读我放在他枕边的书。一本《空谷幽兰》读完，他多少理解了些修道人的心怀，自己也开始反思。今日给我说他要去做做善事，说他身体好些时，让我带他去探访茅棚的师父。

见他今日略轻了一些，我也抽空跑去寺院，给他做了消灾延寿的祈福牌位，祈愿他早日康复。在去寺院的路上，穿行在环城公园里，太阳暖暖地晒着，一下想起和祖父在一起“晒爷”的时光。阳光依然温暖，故地依旧，物是人非，曲折的小路上，留下些许的惆怅。

中午顺着柏树林踱到西安饭庄，原本的铺子也被装饰得有些让人生畏。礼宾小姐一脸职业的微笑，让我已经没有退路，斗胆迈步上楼。楼面的服务员比顾客多，也许是见两个小女子上来，没有多少消费能力的缘故，坐下好久都叫不来一个服务员。勉强来一个，我赶忙献上一脸真诚，问可不可以点点小吃。获准后，有些感恩戴德地点了些曾经喜爱的吃食。乖乖地坐在旁边等。吃到杯盘狼藉时，突然一个靓女上来说，电视台要拍一些食客的画面。还没有明白是怎么回事，已经远远看见“长枪短炮”过来。为了掩饰自己，我索性饕餮咀嚼起来，斯文扫地也不管不顾，权当破我相吧。

吃罢饭，一路“晒着爷”，又去逛了罔极寺。前段时间听说罔极寺是一个皇家寺院，就一直想去看看。据闻，罔极寺是太平公主为武则天祈福而建，寺名取自《诗经》“欲报以德，昊天罔极”之义。孝顺的女儿自然应该去走走。

顺着太阳下的小巷一路走去，心中构想了无数个寺院的样子，遗憾的是一个也不是。进门的第一感觉不是寺院，倒是更像近在咫尺的道观，在门厅中迎接我们的是只黑白相间的老猫，一见我们，就满不在乎地走掉。我们一路尾随进了寺院，一路礼佛至卧佛殿。特意去看了院中养的孔雀，并对这孔雀诵念了孔雀明王心咒。

走到财神殿，无意间发现殿上的匾额是一个故人题的，因着那故人的人品有限，让我对那殿中的伽蓝菩萨生起了嫌隙，多亏师妹从旁提点，勉强给菩萨顶礼问讯。进门时看见写着十方丛林，又见韦陀菩萨执的伏魔杵平端在两臂之间。想来寺院的规模也算大，就想对寺院的主人探究一二。

寺院既然是皇家寺院，又是大丛林，在寺院的规制和建筑上又有很多疑问。到斋堂打问，一个居士婆婆倒也客气，说师父累了，让我找客堂。转到客堂对居士行礼打问，那大居士很不耐烦地一挥手，让我到殿前廊下去看。一个动作将好心情挥去，原本准备的一堆问题，立即被噎得透不过气来。深吸气，将那郁气徐徐吐出，罢罢罢，看来是和这个寺院缘浅，因缘成熟再来吧。

将走时，碰到一个有意思的人，称自己曾经是大学老师，后来下海了，也是三宝弟子，怕我不信，还将皈依证拿给我看，果然是卧龙寺的皈依弟子。自己发心给寺院做事，寺院一些人做得不如理如法，让他为难。我一直思忖着，有机会一定要告诫福田中人，千万要好好护持道心，随时做四好人：随处给人欢喜，随时给人信心，随手给人服务，随缘给人方便。也许就因你的一句话、一个动作，就断了一个人的慧命。

我们修佛，修的是什么？很多人修得越来越迷茫了。那日在师父的车上，一个师姐说："如今的佛弟子，初学佛时，佛在心中；学佛三年，佛在天边。"然也。自己这一颗道心，自己不好好护持，佛在哪里？

智者不以称誉为喜，人之大善在于知过能改；仁者不以无苦为乐，人之至德在于兼善天下。祈愿迷茫中的人可以转迷为悟。时常爱说，我是为了享受阳光才来到这世上的，在阳光下，该晒的不仅仅是背，我们的心也该拿出来晒晒太阳，杀杀菌。如果心里面长了虱子，那就比较麻烦了，岂是搬家可以躲过的。

七月流火

八月十三日，踏着李商隐的《乐游原》呼朋唤友，去古塬上看流星雨。

时光进入七月，常常让人想起"七月流火"这个词，前段时间读《诗经》，读到《国风·豳风·七月》：

七月流火，九月授衣。一之日觱发，二之日栗烈。无衣无褐，何以卒岁？三之日于耜，四之日举趾。同我妇子，馌彼南亩。田畯至喜。

七月流火，九月授衣。春日载阳，有鸣仓庚。女执懿筐，遵彼微行，爰求柔桑。春日迟迟，采蘩祁祁。女心伤悲，殆及公子同归。

七月流火，八月萑苇。蚕月条桑，取彼斧斨。以伐远扬，猗彼女桑。七月鸣鵙，八月载绩。载玄载黄，我朱孔阳，为公子裳。

细细品读发现，诗中的“火”有着特殊的含义，它是天蝎座的一颗亮星——天蝎座 α，我们称之为心宿二。在心宿二的两边能够看到两颗小星，有点类似于牛郎星和它身边的两颗星。我盯着星星看了很久，感觉其中蕴涵了无尽的故事。

心宿二的拉丁名是Antares，意思是对抗火星。不错，心宿二是一颗红色的亮星，如果不仔细分辨，确实有可能把它和火星混淆起来。心宿二是一颗红超巨星，它的表面温度要比我们的太阳低很多。在夏季的夜晚八九点钟，我们可以在南天看到心宿二。

《诗经》中的“七月流火”描写的是将近四千年前的景象。由于岁差，我们的祖辈和我们今天看到的天象已经不一样了，那时候的七月大致相当于今天的公历八九月。这首诗其实应该理解为大火（心宿二）向西方移动，寒冷的季节快要来到了。正如天狼星可以昭示尼罗河一年一度的泛滥，心宿二也是一样。所以，“七月流火”并不是指炎热的天气，而是指天气逐渐转凉。这一点，我在七月初一看流星雨的那天晚上已经明确感觉到了。

七月初一原本是要上山的，由于我在上周突发恶疾，身体虚弱，加之前周暴雨，朴素师父说山上太潮，我的身体会吃不消。为了不给别人增加麻烦只好作罢，去杜陵塬上，看看流星聊以自慰。

七月总是和天空有着无尽的联系。七月初一的流星雨，让我和朴素、雨天、SUPER粉丝等再度欢愉，以前看见的流星雨都来自影视作品，亲自领略流星的魅力，实在是美妙。尽管只看到几个，也让我们欢呼雀跃，为今后暮年的某个时刻留下了一些回味的资源。

我喜欢七月，儿时在七月寂静的苍穹下，时常听到祖父讲一个个关于星星的故事。在榕树下的竹床上，我们祖孙俩对脚而卧，摇着蒲扇，听着蝉鸣。祖父回忆似的，一个个故事，一件件家事，从他略有些酱紫色的唇边吐出。我累了就径自睡了，何时被移进屋中已经全然不知。那时候我总是对星星充满期许。祖父说：“好人死了，就会变作星星，在天国俯瞰人间，新死的人就是又大又亮的那颗。”祖父已经离开我二十六载了。然看星之日，我看到的第一颗流星是很弱的，尾巴也小小的，在我眼前迅速滑落，一下子让我想到他老人家。我赶紧默默祈祷，让他在天国颐养永年，不要再记挂我这个让他放心不下的乖孙。

祖父在世时，最疼惜的人是我，走时最不放心的人也是我，心心念念牵挂的人还是我。遗憾的是，在他有生之年我没能够为他做过一点事，哪怕是喂他吃一口香甜的饭菜，为他揉揉酸困的肩膀。那时所能做的就是依偎在他的怀中，听他为我读那时我怎么也读不懂的书，或者是听他讲我们家族昔日的辉煌，讲那些少有人感兴趣的陈年旧事。

我永远是他唯一的听众，也是他唯一的知己，我承载着他对旧日生活美好的回味。我在他絮絮叨叨的述说中逐渐长大，当我长到可以回报他的时候，他却离我远去，在天国中俯瞰着我。常常喜欢看雨、听雨的我，总认为来自天国的雨，是天国中亲人对尘世的眷恋，他们透过雨滴，用他们的方式在和我们沟通，仔细听，有时是吴侬软语；有时字字珠玑，掷地有声；有时干脆是东方持国天王的琵琶，让人闻之胆寒。

常常喜欢在雨夜散步，聆听来自天国的声音。这次有幸在杜陵塬上看到流星雨，看到了流星燃烧着的长尾巴，想起了祖父的灵魂之说。我想，这也许是我们的亲人在和我们沟通，亲人用燃烧自己的方式，给我们做一个最后的交代，交代完了，就该去他们该去的地方了。也许，这一世我们有缘再见。

何处是故乡

故乡是一个温暖的词，于我却是那样的遥远和模糊。前段时间听到一首关于思念故乡的诗，无意间触动了心灵深处久未震颤的神经。余音远播，今日走在熟悉又陌生的巷陌，不知道哪里是故乡。记忆深处的家，已经被水泥森林覆盖，唯有依稀的记忆可以让我找寻到一点点踪迹。

我是个念旧的人，常常会沉浸在旧日子中难以自拔。刚才看到朋友博客中的一句话，“唯有旧日子带给我们幸福”，一下子有了他乡遇故知的感觉。

故乡是出生或长期居住过的地方，是家乡或老家。我出生的地方在杨玉环香消玉殒的故地。小时候生活在破旧的深宅大院之中，曾经听祖父讲老家在湖南，家里祖上有人当官，客居了下来。在我的最初记忆里，有祖父祖母的地方就是家乡。

后来家宅变成了高楼，祖父祖母也先后往生，我的故乡也随世事沧桑，灰飞烟灭了。父母住的地方只能够称作驿站。父亲毕业后被分配到一个地方，母亲也从另外的地方搬到了那里，有了一间宿舍，就是后来的家。那个地方给我的感觉一直是驿站，小的时候每每都是匆匆过客，后来长大了念书离开，至今已经有二十余年。在这二十多年里，我回去的次数是有限的，总感觉那里不是我的家。

现在这种感觉更深了，尽管这一年回家的次数差不多是以往几年回家次数的总和。这一年充分感受到父母的衰老，他们需要我，却从不肯说出来。但每每看到他们见到我回去时的喜悦，我就会深深地自责，为人子女，我做得太差了。

为了不让父母劳累，我常常不告诉他们我回去的消息。中秋节由于我的小状况，父母来到我这里。他们怕我突然回去，准备的吃食已经塞满了冰箱。其实有时候，我们需要在父母面前示弱，让他们觉得自己被需要，觉得自己依然重要，这对他们也是一种快乐。

终于克服了心理障碍，在离开学校二十年后，再度回到少年时代的校园，学校还是学校，只是物是人非。一进门的园丁榜上，长长的名单上竟然没有一个相识。除了以前的校舍，这里已经盖满了房子，没有了昔日念书的从容。走遍了我曾经无数次想走的路，没有了昔日熟悉的人影，也没有了当年熟悉的环境，一切都是陌生的。一切恍如隔世，难觅踪迹。

从学校出来，满眼是陌生的面孔，弄不清楚自己是否曾经在这里生活过。昨日看昆曲《牡丹亭》的惊梦，这里对我好像也是一场惊梦。所不同的是，我的梦里梦外都缺少颜色。

这是一个流动的时代，每个人都是某种意义上的游子，有的是因为远离故土，有的是因为故土难离，但不约而同地，我们都在流动，或神游八极，或远走天涯。时代的发展，我们早已远离了农耕社会，在经济发展的剧烈震荡中，每个人都忽略了自己的故乡，成为这世上的游子。故乡仅仅存在于儿时的记忆，存在于心底最深处，故乡是静夜独处时的神游去处。

世界因流动而改变，因改变而日趋美好，每个人都在流动中寻找心安处。我们在一次次的流浪中将自己丢失，连同自己的故乡。父母的房子是驿站，乐闻轩是我暂时的安住处，勉强算是我的家。回到乐闻轩，心逐渐安然了，仿佛是回家了。

动荡中何处是故乡？我不知道。也许我们的故乡真如老和尚所言，只存在于我们每个人的心底。心安住了，也就回故乡了吧。

四十二块五毛二

我设计过一款名为“两小无猜”的小项链，是为了纪念我儿时的美好时光。售价四十二块五毛二，是我父母当时的月工资。那时候物质是贫乏的，精神是富有的；天是蓝的，我们是快乐的。

我是个对数字没有什么概念，而且有些糊涂的人。永远弄不清楚商店里热闹非凡的打折到底是吃亏，还是占便宜。只认定一个信念，自古买家没有卖家精，天上不会掉馅饼，为了避免上当，就因噎废食，什么也不买。实在需要的东西，选择就近随缘，碰到就好。

在我刚记事的时候，印象最深刻的是这样一组数字，四十二块五毛二分。后来问父亲才知道，这是那个年代二级工的工资。什么是二级工？到现在我也不明白。只是在很小的时候，我见过一个伯伯，当时他是木工八级。

他们家的生活在我们那一片算是比较好的。家里有两个儿子，一个女儿。那个时候一般的人家总是不够吃，尤其是在有两个儿子的家里，吃饭简直就是头等大事。女主人要费尽心思才可以将一家人的嘴巴填上。

那时候总是看见伯伯端一个小脸盆一样的瓦盆吃饭，盆里总是宽宽的裤带面；伯伯总是吃得有声有色，大汗淋漓。儿时的我由于身体不好，加上出身的问题，父母怕我受别人欺负，总是禁止我出门和院子里的小朋友玩耍。我每天最开心的时刻就是中午或者晚上吃饭时间。只有这个时候，父母是不禁止我在门口的。

那时候平房住的人很亲切，仿佛是在过一种集体生活，吃饭时大家都端着碗在门口，像极了现在西方企业里的Tea Time（茶时间），大人们交流着各自工厂里的新闻趣事，而小孩子们盼望的是中午十二点开播的长篇评书连播。

我和仅有的几个伙伴，可以探讨一下评书里的故事，猜想一下故事里人物的结局。我的几个小伙伴中，有一个长相俊美的小男生，当时刚从南京老家来，算是见过大世面的。由于他是家中唯一的男孩子，有我们当时都不曾有过的胆识，他敢大声叫他妈妈的名字。为此我们集体开会批过他。那时候的孩子，别说叫父母的名字，就是给父母瞪一眼也会吓得反省半天。

每家门前都有一个石桌子，别人家的石桌子有圆形的，六棱形的，有的还用水泥和着彩色小石子做花纹。只有我家的小桌子是水泥的，而且因为没有钢筋，我父亲就用扫帚的竹子棍儿当钢筋，做了一个小桌子，是长方形的，在一大排气派的桌子面前显得像个十足的丑小鸭。

我小时候特别乖，也特别安静，周围工人家庭的家长都比较喜欢我，愿意让孩子和我在一起。所以放学后，我家的小石桌总是挤得满满的。

春天里，我和小伙伴们挎着篮子去不远的塬上挖野菜，我家是两个女孩子，虽然吃得有限，但没有感觉到粮食不够吃。所以我去挖野菜，也就是凑热闹，踏青而已。我母亲是南方人，加上很早就当兵，不大会做面食。所以我羡慕同伴们的母亲给她们做滋卷、饺子、酸菜等，而我们家最多做个饺子。由于父亲当时和母亲都是四十二块五毛二的工资，我们的生活在周围还算是相当不错的。父亲的好吃也是在他们研究所出了名的，现在想起来，不过是几副羊骨头而已。

夏天对我们来说是快乐的。傍晚，我们一大群孩子，常常在房后的马路上打羽毛球，或者玩一种叫“军旗把杆”的游戏。孩子们分为两拨，一拨中有一个孩子手里拿着写着军旗的小纸条，之后大家四散隐藏，由另一拨孩子来找，如果军旗被找到就输了。我常常被派去拿军旗，因为我文弱，所以对方总是认为扛军旗的不可能是我，所以我们总赢。有一次雨后初晴，我们正玩得欢，突然有人喊：“看！海市蜃楼了！”所有人都驻足，我看到一座青山在半空中浮现。过了一会儿，海市蜃楼消失，天边出现了彩虹。那时候，夏天傍晚总是容易出现彩虹，长大以后再也没有见过。

夏天的晚上我们总是围坐在路灯下，听家长讲故事。《一双绣花鞋》、《梅花党奇案》等，都是那时候听来的。想听又害怕，小女孩总是半掩着耳朵，偷偷地听。这些故事似无声的细雨，滋润了我的心田，也给了我终生受益的资粮。

秋天，我们周围的农人将家里的瓜果送来，很便宜。父亲总是买很多苹果，放在床下。还规定一个人一天吃几个苹果，有奖励。我因为吃苹果曾经挣过九毛钱，那时觉得自己很富有。秋天给我留下的就是香甜的苹果香，直到今天，拿起苹果，我都忍不住要深吸一口苹果的果香，也许是记忆太过久远，现在的苹果再也没有令人迷醉的醇香味道了。

冬天，屋外总是有成串的冰凌，有的一二尺长，我常和小伙伴们用冰凌在手腕上玩打针的游戏。冰凌在手腕上逐渐消融，一泓清水使打针的胳膊一阵酥麻。门口泥泞的路上常常有一些冰，那冰常被我们滑得黑亮黑亮的，我曾经在那冰上摔过一跤，现在记忆犹新，只记得当时痛得不能呼吸。也是从那一次开始，我对痛的反应是不能呼吸，只能屏气才可以忍受。从那以后，我对冰就有了敬畏之心。后来上附中，体育课是滑旱冰，我是我们班里学得最慢、摔跤最少的一个。到现在为止，我时常觉得自己脑子不够用，常常有刹那间的短路，可能跟儿时的那一跤有很大关系。

记忆已经随着时间流逝到天际，今天想起来整理了一些记忆的碎片，是为了回顾和纪念儿时的光阴。物是人非，留下的除了一些残破的碎片，也就只有几颗承载记忆的琉璃珠粒，向我诉说着那年、那月、那些事儿。

开学的日子

儿时开学的日子，这一天一定是欢呼雀跃的，可以和分别一个假期的老师同学见面，崭新的台阶从这一天开始。

这种久违的感觉再度来到，对我而言，今天也是开学的日子。从今天起，我要正式学习古琴，可以算作向淑女迈开了第一步。尽管此刻在键盘上的手指有些痛，为了弹琴将手指甲剪短，心却是欢愉的。当自己可以完整弹一首耳熟的曲子时，内心的欢喜是多年前学古筝时不曾有过的。那时学琴是被动的，体会不到今天的感受。平心静气地坐在乐闻轩中，沐手焚香，随着袅袅的幽香，琴音缓缓散去，喜悦渐渐充盈，在心中凝结成一滴甘露，滴在心湖，随涟漪层叠着传递开去。

近来混迹于文人墨客之中，才觉得自己孤陋寡闻。以前自恃才高，对别人少有赞叹。近来发现自己原来只是井底之蛙，目光短浅，所谓“一瓶子不响，半瓶子晃荡”。怀抱惭愧感恩之心，缘起发心随喜朋友组织的一个古典雅乐乐队。希望有一天可以用中国最传统的乐器，演奏最传统的音乐，供养有情众生，令众生欢喜。

借朴素师父的光，让我的瑶光又有机会发出了一点星光。承师父威，将《人间佛教蓝图》化做点点星光，用佛陀的慈爱，照耀并温暖了很多被尘垢染浊的心灵，算是为有情做了一点点事。

法门之光

从法门寺回来，一直处在混乱状态。喧嚣的尘世撕扯着我的身心。在去法门寺的路上，我的手机被有情众生扒窃，使我有了意外的清净，有了平生少有的安闲自在。

在寺院的短短一周时间，让我领略了佛法的精妙，看到了人性的纯良，收获了珍贵的友谊。我有幸作为辅导员身份，参加了“法门之光”福慧营，在整个活动期间，我和我的组员们建立了深厚的友情，每天同吃同住，一同绕塔、一同上课、一同讨论、一同欢笑……舍利塔前留下了我们的足迹，珍宝馆内留下了我们的惊叹，寮房内留下了我们窃窃私语。

从她们身上我体会到了关爱，她们是我的骄傲。在别人眼里，她们或许是散漫的，因为我们常常站队最后，但是从不迟到。听课时她们从没有积极地坐到前排，可是我们听课做笔记是最认真的。我深刻感觉到我的组员是用心在聆听。回到尘世中，众多的工作等着我，对寺院的记忆也渐行渐远，唯有我们之间的友谊越走越近。我为她们感到自豪，不是因为她们人人都是研究生，而是因为每一个人都真心相对。

今天，又是个飘雨的日子，坐在窗前看雨，心绪又飞回和她们一起度过的雨天。我可爱的孩子们，你们的导师想念你们。

恒顺众生

连日的阴雨绵绵，仿佛一下到了冬天。下午来水滴学堂的宏珊冻得瑟瑟，说指头尖的血液都凝固了。也难怪，生活在四季如春的昆明，她对北方初秋的气温骤降是有诸多不适的。也许是从小生活在北方的原因，我倒不觉得特别冷，只是背已经有些凉，需要一条披肩来保暖。

中秋节后，我也被工作上的突然变故冻着了。辛苦工作了十一个月的事情，突然出现了变故，让我陷入迷茫。独自一个人承受着诸多压力，突然前路茫茫，使我没了主张，不晓得怎么办才好。在无助中彷徨了一周，这期间发生了学佛以来第一次的失眠。连续超负荷的工作，也让许久没有再犯的颈椎病来势汹汹。现在写字只能拼命地靠紧椅背，头支在靠背上不敢随意转动。以前很有效的膏药，除了灼伤皮肤，没有丝毫作用。我忍受着身体的巨大不适，苦苦地忍耐，终于靠着师父的那句话“有佛法就有办法”，在多方的斡旋之下，事情终于有了转机。

三天前将事情原原本本告诉合作方，我始终觉得，和聪明人打交道，最好的方法就是实话实说，让聪明人来想办法。昨天有结果之后，我给众多的亲朋故旧写了求援信。放下一个外强中干的壳子，集思广益，绝处逢生也未可知。我以一个平常心，用心做好应该做的一切努力。谋事在人，成事在天。事情的发展，一切随缘，但求无愧于心就好。

比起师父，我的这点恒顺众生算得了什么？算了，忍耐一下就好。一直用师父的这篇《我就这样忍了一生》勉励自己，今天也来与大家共勉。

一九八五年，我从佛光山住持之位退居下来，将寺务交给心平处理。在传法大典那天，记者们目睹满山满谷的人们对我种种恭敬，甚至匍匐迎送，好奇地问我何以至此？我突然想起国片《我就这样过了一生》，心中不禁感触良多，如果将这部片名换一个字，改成《我就这样“忍”了一生》，用来形容自己，应该是很贴切的写照了。

我从小生长在乱世里，先是军阀割据，外强环伺；继之抗战，后来国共对立，家乡的经济本来就很落后，加上这些人为的祸患，生计更是困难重重。在粮食极为短缺的当时，我吃过麦渣糊粥，我以地瓜当饭，每天三顿，吃得都怕了起来。十二岁出家以后，寺里仍是以稀粥代替干饭，经常一个月吃不到一块豆腐或一些素菜。这对于正值成长期间的我来说，当然是不够纳胃的，但是想到时代的艰辛、常住的难为，心中的感念使我忘却了饥饿之苦，就这样我养成能忍的习惯。

一九四九年，刚来到台湾时，我四处漂泊，无人收容。后来辗转来到宜兰，生活才逐渐安定下来，当时正信佛教不发达，为了接引更多的人学习佛法，我不惜将些微稿费、嚫（chèn）钱拿来购买佛教书籍，送给来寺的青年；我甚至经常忍饥耐饿，徒步行走一两个钟点以上的路程，到各处讲经说法，将饭钱、车费节省下来，添置布教所需的用具。

随着弘化区域的逐渐拓展，闻法信徒的日益增多，我发现人生的问题无穷无尽，心中益发体会佛陀示教利喜的悲心宏愿，因而更加激励自己以弘法利生为己志，所以凡有人前来请法，无论路途远近，我都欣然答应；凡信徒有所请求，不管事情难易，我也尽量化解其忧。

尔后数十年来，我常常因为接引信徒，从早上讲到晚上，由于行程紧凑，常耽误了用餐的时间。有时为了方便起见，我干脆以冰水泡热饭，或以热茶泡冷饭，聊以充饥；有时刚要举箸用餐，却临时接到邀约，我只得端起碗来，管它里面装的是滚汤还是热面，唏哩呼噜地，一并倒入嘴里，也顾不得烫破舌头，更遑论是否填饱肠胃了！所以尽管这些年来稍有余裕，我还是经常食不果腹，就这样，我可以说是忍饥耐饿过了一生。

近年来，可吃的东西很多了，我十分珍惜这份福报，所以不管是汤面、拌面、干饭、稀饭、米粉、冬粉、水饺、包子……虽然不一定觉得好吃，我一概来者不拒。有时候看到徒众很用心地为我准备了一道菜，为了嘉勉他们的辛劳，即使不甚好吃，我也会随意称赞某一道菜十分可口，我宁愿一直忍下去，也不愿随便说出我的好恶。

类似这种事情，还真是无独有偶呢！例如，多年以前，信徒送我一块佳美香皂，当时物质十分短缺，舶来品更是稀有难得，大家看了十分羡慕，但是我仍旧惯用一般的肥皂，所以一直将它摆在洗手台上，未曾动用。奇怪的是那块香皂的体积居然日渐减少，后来大家都说我喜欢用进口的佳美香皂，我听了也只是忍笑而不语，心想能够让大家的喜好成为我的喜好，不也十分有趣吗？

曾经有一位徒孙，经常购买下端绣有图案的毛巾给我使用，我因为脸上破皮，建议他买没有花样的，以免洗脸时觉得不舒服，他却理直气壮地说道："有图案的毛巾比较美观，您用另外一端擦脸，就不会碰到绣花了。"唉！彼此心境不同，说起话来有如对牛弹琴，我也只有当下"受教"，忍他一忍算了。

记得我五十岁生日那天，一名在家信徒特地送我一张价值不菲的弹簧床，无奈我从小睡惯了木板床，但又不忍直言让他难为，从此只好将这床当作装饰品，自己每天睡在地板上，达十年之久。

反观现代的年轻人空腹高心，漫言入山修行、闭关阅藏，不禁感慨万分，倘若福德因缘不具，焉能获得龙天护持？"三只修福慧，百劫修相好"，没有百忍兴教的精神，如何成就人生大事？"我就这样忍了一生"，岂止是就物质上的缺乏而言，其他如精神上、人情上、事理上、尊严上的种种违逆境界，又何止忍了上百千万次？

一九九一年，我在浴室里跌断腿，顿时身边增加不少"管理人"，这个徒弟要求我不能吃这种食物，那个徒弟告诉我不能用那种拐杖，过分周到的看护，使我备感束缚。有时因为身体不适，这个弟子拿来这种药，那个弟子拿来那种药，我为了圆满大家的好意，只得忍耐把两种药都吃下去。有些信徒说美国好，叫我去美国度众；有些信徒说澳洲好、非洲好、欧洲好，也希望我前往弘法。我为了满足大家的“好”，所以，只有忍耐旅途劳顿，到处飞行云游。

虽然百般无奈，但是想到为师者在他们的心目中永远年轻，也只有自我解嘲了。有时回头反省：“为人着想”固然便利了别人，却也让我“就这样忍了一生”。我的腿之所以会摔断，正是因为在盥洗时听到电话铃声，为了怕对方着急，赶紧从浴室冲出来时，不慎滑倒所致。虽然有了这次前车之鉴，我还是尽量不让电话铃声超过三声以上，与生俱来的性格实在不容易改掉啊！

我有出家弟子千余人，在家信徒百余万，他们平时不会想到来找我，一旦上门，必定是有了烦恼，而且大多声称是来挂“急诊”的，我再忙再累，也只得“恒顺众生”，予以接见、倾听、安慰、鼓励。凭着自己多年的历练，倒也解决了不少疑难杂症。但也有弟子对我说：“师父，您只叫我们忍耐，难道除了忍耐，就没有其余的办法了吗？”确实，我一生唯一的办法、唯一的力量，就是忍耐。

回顾我的一生，正如同陈诚所言：“为做事，必须忍耐；为求全，必须委屈。”虽然“我就这样忍了一生”，但是唤醒了多少迷惘众生，成就了多少法身慧命，所以，我祈愿生生世世再来娑婆，以比丘身永远堪忍地利济有情。

芥子纳须弥

许久以来，我都是一个不怎么大气的人，时常自嘲是小女子。昨天在为观音菩萨贴金身时得知，我努力工作了十一个月的事情，因为某些不为人知的原因取消了。

当时有许多同修来给观音菩萨贴金身，我是怎么也不能让大家扫兴的。心里的错愕、震惊和愤怒深深地隐藏起来，一直坚持着，忍耐着，不让自己失态。

回到乐闻轩中，师父的一个电话，让我的眼眶湿润，仿佛陷入无边的深渊，四面虚空，无着无落。疲惫至极的身体，仿佛也灵魂出窍，思绪飘散，怎么也无法集中到一点上。混沌中，无意间看到师父的照片，师父一如既往地微笑。为了平复情绪，从架上随便取来一本书，信手翻着，一个故事将我的思绪逐渐拉回。

唐朝江州刺史李渤，有一次问智常禅师："佛经上所说的'须弥藏芥子，芥子纳须弥'，我看未免太玄妙离奇了，小小的芥子，怎么能容纳那么大的一座须弥山呢？这实在是太不懂常识了，是在骗人吧？"

智常禅师听了李渤的话后，轻轻一笑，转而问："人家说你'读书破万卷'，是否真有这么回事呢？"

"当然了，当然了！我何止读书破万卷啊！"李渤显出一派得意洋洋的样子。

"那么你读过的万卷书现在都保存在哪里呢？"智常禅师顺着话题问李渤。

李渤抬手指着头脑说："当然都保存在这里了。"智常禅师说："奇怪，我看你的头颅只有椰子那么大，怎么可能装得下万卷书呢？莫非你也在骗人吗？"

李渤听了之后，立即恍然大悟，豁然开朗。

一切的禅理，有时从事上去说明，有时从理上去解释。所以，要知道宇宙世间，事上有理，理中有事。须弥藏芥子是事实，芥子纳须弥是禅理。如果能明白理事本无障碍，那么这就是游刃有余地理解禅理了。

一粒小小的芥子，都可以将须弥山容下。我的手握起来远比几十个芥子大。师父发来短信说："对任何结果都能接受，才是最好的佛子！"告诉自己世事无常，在改变不了事实的时候，改变自己。

自己不过是芸芸众生中的一粒阡陌尘埃，能改变的只有自己。信手翻着书，心情好了很多。不晓得过了多久，无意间抬头看见电视机上的台历本，拿起来翻看，是上一任房客留下的，一本基督教教会印的"荣耀归于神"的台历，基督在十字架上受难。

大学刚毕业的最初两年，应一个老师的邀请，为基督教青年会念过两年的《圣经》。念《圣经》的时候非常神奇，只要牧师说翻到……福音，我马上可以准确无误地翻到那一页，开始诵读。去年在天主教的西堂学习意大利语时，结识许多天主教徒，他们之间的友爱让我记忆深刻。从世界各地来到教堂里的义工，更是各尽所能，尽心尽力地奉献自己的力量。一位年逾八十的意大利老爹，坐着轮椅，每次来做完弥撒后，一定要来教室，和刚开始学习意大利语的教友们练习一会儿简单的口语。有信仰的人身上散发的温良平和的气息，使每一个身处其中的人，都感觉自在。

两天前，一个同事的朋友来到我的工作室，也许是工作室梵音缭绕，让她感觉不自在。刚待了一下，就一路落荒而逃。后来才知道她是天主教徒，让我哑然失笑，难道我这里真有这样大的磁场？不过是心魔作祟罢了。

日前，同音乐人讨论时也说到这个问题。音乐人声名显赫，身边有很多朋友。朋友中不乏天主教、基督教人士。每一种宗教在宣扬自己的教义时都滔滔不绝，无一例外的是，在讲到别的宗教时都是嗤之以鼻，不屑一顾。那日音乐人问我，我说："佛法是包容的、圆融的，不排斥任何世间法。"严格意义上，佛法是一种教育。佛陀通过他的教化让混沌中人豁然开朗，知道世间的诸法实相。我对其他宗教没有研究，不敢妄言。佛子常讲，佛法在世间，不离世间觉。一粒小小的芥子都可以容纳整个的须弥山，这是何等的气度和胸怀。

师父在基督教国家、天主教国家都有自己的道场，还有很多异教徒皈依在师父门下。在纽约的道场和教堂一街之隔，每年圣诞，寺院的师父都会准备蛋糕去教堂一起庆祝。每年佛诞，教堂的牧师也会带上糕饼来祝贺。有幸读过《圣经》，发现和净土经典的相似之处甚多。

每一种宗教都有它智慧闪光的一面，凡是存在的都有其存在的道理。圣人常常自谦，称自己不过一车夫尔，何况你我。

优秀

今天失眠了。这是很少有的事情，自从亲近了佛法，我在什么样的环境下都能酣然入睡。不论是五星级酒店还是山中野外的茅棚。今夜是怎么了？我一遍遍地问自己。窗外灯火阑珊，长夜漫漫无心眠，头痛欲裂，无法休息，索性下床写字，坐到电脑前，没来由地，头竟然不痛了。

平日里觉得怎么都不够用的时间，今天一下子变得好长好长。前几天陪同师父游览，听他讲了一个关于优秀的故事，让我陷入了深深的思考中。

师父说他认识一个法官，三十二岁，很优秀，是单位里重点培养的对象。遗憾的是，师父第二次见到他时，是在他的灵堂，面对已然逝去的他，师父看到的是晚年丧子的白发爹娘、襁褓里的幼子和他读了研究生的妻子。据说他是被累死的。优秀的人为了保持优秀，不断地拼命努力。师父说他是被优秀压死的。

还有很多人不够优秀，向往优秀。可是这个世上的很多事是靠因缘和合的，有些高度是我们穷其一生也许都努力不到的。我们这个社会崇尚的成功是人中龙凤，个中翘楚。

“楚”是荆木，“翘”是高出、仰起的意思。翘楚，原指高出一般灌木的荆树，引申为出类拔萃者。于是不优秀的人拼命努力拔高自己，逐渐将自己作为通向优秀的祭品，吊死在奔向优秀的路上。其不知道繁华好似一掬沙，梦醒时分，留下的不过是片片残梦罢了。

这几年看到、听到太多英年早逝的事情，人们都说这世上凡是钱能够解决的问题，都不是大问题，或者不是问题。可是在成堆的金钱面前，生命依然义无反顾地逝去。面对种种，人们在扼腕叹息之后旋即又回到那拼命努力的战车上，前仆后继。

天地间我们的生命是如此珍贵，为何不学学那逍遥的老庄，自自然然地做一个天地间独一无二的自己？天地有大美而不言，我既来到这世上就有我来的因缘，何必管他优秀不优秀，不优秀又怎样？我们为什么要按照别人的样子将自己塑造成别人的模样，复制别人的人生？

从上古走来，我的祖先承袭了老庄的血脉，也许我的身上还残存了一丝他们的血液。我告诉自己要做回自己，按照自己的意志生活，做自己喜欢做的事。不论在别人眼里如何，只要自己悠然存活于天地间就好。

此刻是黎明前的黑暗，仅有佛前的灯光静静注视着我，我也凝神坐在佛前，静静凝视着他，看他静默微笑，看他纤尘不染，我也沉静得无一丝挂碍，细细咀嚼着难得的清幽，品尝出一丝从心底极幽微散发出的清欢。这清欢如同佛前燃着的那缕沉香，慢慢地装饰了整个虚空，我也如同老庄，不知道自己是那缕蓝烟，还是凯木里（日本语，蓝烟的意思），这是我大学时代的名字，今夜不知怎么一遍遍地在耳畔回荡。

活着才有希望

今天好像患了狂躁症一般，一天都感觉不对劲儿。大脑懵懵的，仿佛被一种神秘的力量控制住了，怎么也摆脱不了。刚回到乐闻轩，体罚自己加抄了一遍《心经》，心才逐渐回归本位。

学佛有一段时日了，平时觉得还安然自在，可是对境，比如考试通不过，马上就心随境转，真应了那句话："说着容易做着难，闻思容易体证难。"

晚饭后品茶，给我的朋友"左脚丫"打了一通电话。原本打算约她参加明日的美人聚会，不想听到一个令我惊异的消息：她多年的一个工人丽姐的女儿不在了。我没有细问，只是强烈的震惊，被惊惧摄持，痛彻心扉，心肌酸涩，无力搏击。

一晚上都在混沌中度过，回到乐闻轩，才知道今天所为何来。我时常有一种强烈的预感，不论好坏，这几天总是牵挂脚丫，总是忙乱中忘记给她致电，想起时已经很晚，不忍打搅她，不想不幸落在了丽姐身上。

春天，丽姐曾经就女儿的问题和我交流过。世间人都希望自己比别人好，因为有攀比之心，竞争也就逐步升级。为了在日新月异的世界里给儿女创造一个良好的环境，丽姐倾其所有，将女儿送进军校，原本也无可厚非。然父母只考虑到为儿女创造一个好的前程，没有考虑到儿女的感受。在军校巨大的压力之下，女儿郁郁寡欢，应付了一年。

面对父母的殷切希望和越来越读不进的书，她选择了逃避。她放弃了眷恋她的亲人和花一样的年华，将生命永远定格在了那一刻。她也许是真的解脱了，却将挥之不去的阴霾，永远罩在了丽姐的心头。好想去安慰中年丧子的丽姐，可是面对伤心欲绝的母亲，我能说些什么？又该说些什么呢？

春天时丽姐女儿就有些厌学情绪，当时她还拜托我疏导一下，我借口忙，也没有同那孩子面谈，只在电话里交流过，如果实在学不进去，也就算了。可是大多鼓励孩子克服困难、努力坚持的话，还是有无形中的压力。春天时的国栋，因承受不了学习的压力，像蝴蝶一样飞去了天国，秋天丽姐的女儿……惭愧的心痛使我颤抖。望子成龙、望女成凤的人们，不要将你们没有做到的事，强加到可怜的孩子们身上。希望越大，失望越大。

时常为了节俭，搭早班飞机出差。走在清冷的街上，满目都是匆忙赶路的学生，一边骑车，一边和着风，吞咽早餐。上三年级的外甥，做作业时常到子夜。这个社会怎么了？难道我们的未来，是建立在牺牲下一代快乐童年的基础之上吗？学校里满眼的眼镜、一双双困倦的双眼，日益攀升的自杀率，还唤不醒可怜的父母吗？

醒醒吧，睁开你们昏昧的双眼，人活着最重要的是过得自在欢喜。如果你的儿女不优秀又能怎样？至少他可以承欢膝下。不富有又能怎样？至少他还有健康的体魄。不健康又能怎样？至少他还活着。活着就有希望，就有未来。这样浅显的道理我们到现在还不明白？在这个瞬息万变的社会，人们忽略了本真的自我，迷失了自己。

不知道为什么而活，面对越来越激烈的竞争，孩子们的心理健康被忽视了。当一个个鲜活的生命，在我们所谓的爱护之下戛然而止时，生命的体证已经毫无意义，我们还不该反思我们的社会之病吗？

每天习惯打扫，真正能扫出来的垃圾极为有限，最多不过是一些絮状的阡陌尘埃。我们生活的世界也是如此，就算我们很努力很努力，出人头地的也很有限。不能成龙成凤，成就一个快乐的虫子又如何，毕竟丑丑的虫，也还有机会结茧化蝶。

平安夜

火车过了华山站，喧嚣逐渐安静下来，我提了一路的心也渐渐安然。

因为是平安夜，尽管出门很早，也险些没有赶上火车。骚动的年轻人从城市的各个角落涌向了东南西北的大街上，到处是人流车流，在红尘滚滚中缓缓移动、挣扎。原本半个多小时的车程，竟然走了一个半小时，在火车即将开动的前两分钟才上来。所幸的是，我并没有受多少为难就补到了卧铺。比年初那次幸运很多。这即将过去的一天，实在值得书写一下。

早上从七点二十起床到此刻，很有些不可思议。见到的人五花八门，最值得说的当属凌峰大哥，不全因为他是公众人物，还有他的真挚。在别人眼里，他是一个著名的音乐人，在我眼里，他是一个值得尊重的、有学养的义士。一同去的朋友说，他是一个有才、有德、有情之人，世界因为有他会有许多欢乐。

如今的中国人如同当年的蔡桓公，讳疾忌医。他犀利的言辞，尖锐的视角，会令很多权贵如芒在背。世界因他这样的人存在，从善如流。我们这代人是听着他的歌声长大的，如果有更多的人可以聆听他的教言，相信如我一样，一定可以获益匪浅。作为一个大哥，他值得我辈敬仰。

平安夜在晃动的火车上度过，接下来的一年大概也要在动荡中度过，但愿我今夜拥有回归母腹的温暖闲适，快乐地迎接明日的太阳。我们是为了享受阳光才来到这个世界的，用阳光的心态，淡然地面对生活中的一切，面对坎坷，学会放下包袱。凌峰大哥说得对，摔倒了已经很不幸了，如果在摔倒时还可以抓住一点东西，就是有意义的，哪怕你抓到的仅仅是一把泥土，也是有收获的。我摔倒过无数次，每一次我都会反思一下为什么，经历的种种，是上苍赋予我的财富，正因为有这些，我的生活才变得丰富多彩，我的人生更加值得咀嚼回味。

人生如戏

二十三点二十一分，下了出租车，原本宽敞的路被大大小小的汽车占满，小心地穿行其间。今日大雪节气，早上出门的时候薄雾和着冷风，让人不禁打起寒战，晚上也许是出租车里开暖气的原因，下车并不觉得很冷，反倒感觉清凉。

信手拈来的一些文字，是流淌自心灵的声音。我无德无能，勉强可以给人看的，也就是自己这颗不太丑的心了。

不敢妄谈人生，我的生活是一团乱麻。今日见的人和经历的事，真的如一幕大戏，冷眼旁观，每个人表演得如痴如醉。每个人都站在自己的位置上，认为自己是中心，是原点。自己当然就是主角，唯我独尊。尽管言语多谦卑之词，实则一副东方不败的姿态，认真投入得简直人戏不分。人生不过一场戏，戏散一切皆空。不晓得该赞叹投入的演技，还是该劝导入戏之人。

劝导的话才一出口，就被演戏之人训诫。看着飞沫四溅，我告诉自己多听少说，看着一个个口绽莲花的人，甘做配角。戏中之词做不得真的，假作真时真亦假。

演戏的人激情四溢，我忍耐着，静观着，忍耐着。演的人辛苦，看的人更苦。

好在现实中的戏有落幕的一刻，人生的戏，不到生命的尽头是没有办法落幕的，在这场大剧中，扮演好自己的角色，静心地看幕开幕落吧。《红楼梦》的一首《好了歌》道尽了世事。

世人都晓神仙好，唯有功名忘不了；古今将相在何方？荒冢一堆草没了。世人都晓神仙好，只有金银忘不了；终朝只恨聚无多，及到多时眼闭了。世人都晓神仙好，只有娇妻忘不了；君生日日说恩情，君死又随人去了。世人都晓神仙好，只有儿孙忘不了；痴心父母古来多，孝顺儿孙谁见了？

因缘

清晨怎么也没有办法离开轻裘暖被，阴雨连绵，天突然冷得像冬天。打开电视才知道今天寒露，难怪！

拜托朋友为我维修打印机，昨天下午，正工作着突然说修好了，送了回来。急急地冲出去，忘记穿外套，今天早上就为昨天的轻狂付出了代价，身体沉重得没有办法支撑，勉强起来，洗了个热水澡，穿上毛衣，感觉好点了。

脑海中一件件没有做完的事，像无数个小虫子，撕咬着我，一整天忙碌，干这干那。中午突然接到电话，邀约已久的朋友到了。有朋自远方来，不亦乐乎！

朋友从很远的地方来，今日因缘聚合，他日因缘散了，也就各奔东西。因缘，简而言之，是产生结果的一切原因的总称。今生种什么因，来生结什么果。今生的相聚，是宿世的因缘聚合。下午接到母亲垂爱的电话，嘘寒问暖。这么大的人，依然是母亲牵挂的小娇儿。会朋友之前，有一小会儿时间，去探望了那个和我生日相差一天的老人，老人家的一句“你来看我，让我感激涕零”

使我惭愧得无言以对，很久以来都因为自己的忙碌忽略了身边的亲人。

世间万物皆由因缘之聚散而有生灭，而由因与缘聚合所产生之结果，称之为因缘聚合。一切有为法皆是因缘所生，唯有因，不能生果；唯有缘，亦不能生果，必须因缘聚合，方能生果。缘真的是妙不可言。

每日里听的佛经，时常讲的缘起法则是佛法最重要的理论基石。通过对缘起法的学习，知道了佛法看待世界的宁静和达观。和朋友欢愉地谈天说地，还用禅宗里的富翁故事供养朋友，劝他们放下，多关爱一点自己的心灵，给自己一个静谧的空间，让自己的灵魂自由地呼吸。

人生区区百年身，却虑得千年事。活着的人总觉得无常离自己很遥远，每一个人对未来都抱有无限的幻想。殊不知，黄泉路上无老幼，谁哪一刻往生岂是自己可以决定的。即使你富可敌国，贵为国王，在生死面前也是人人平等，所不同的是装殓尸身的棺椁而已。

如果明日往生，能安然前往的能有几人？那时放不下又如何？师父常说当一天和尚撞一天钟。我现在做的一切也是抱着这样的心态，每天全心地做事，能做多少是多少。

今日看到留言，说喜欢我的文字，心里多少有些欣慰。写文章就是希望将生活中的感动点滴记录，能够为别人带来片刻的欢愉。为了喜爱我的人，随缘一路走来，是耶非耶，且由世人评说，何必在意。

附录　心如琉璃

TANG GIRL 唐歌

承蒙朋友墨朵赐名,终于有了这个叫 TANG GIRL（唐歌）的人。很久以来,唐歌执着追求于心中最初的艺术设计理想，对中国的国粹情有独钟。

唐歌是百合花一样的女人，洁白纯真，幽香四溢，在繁忙的都市中，勤奋地工作着。信守着中国女人的曼妙婉约，唐歌的要求很简单："如果有时间睡觉，睡到自然醒就是幸福。"在唐歌眼中，没有染污，只有美。如果美是一次发现和探索，唐歌便是它忠诚的使者。

唐歌受教于书香门第，熏染于古城四围，对传统文化和古典视觉语言颇多痴迷与熟稔。她的设计，纯系情韵所至，天性感悟，不囿于成法，不拘泥于规矩。对中国古典文化及艺术之参悟，始于灵犀相通，臻美于游刃有余之传达。用色及构图在追法古人之余，又佐以活泼之现代设计元素，典雅尊贵，而无呆板之虞；超凡脱俗，却又见爱于寻常百姓。

唐歌自号长安女子,其隽永清新之立意,端在乎远古与现代、传统与前卫、民族与域外,巧结连环;追思广远,而运笔于当下。其风格之独具,创意之开阔,无不为时人精神之渴慕，心灵之休憩，奉献一个点、线、面、色多纬交织的缤纷世界。

唐歌是不合时宜的,言无名利,行绝虚浮。唐歌自嘲曰:"安贫乐道。"唐歌,是一本需要用心读的书。

琉璃人生

琉璃不论在东方和西方，都是灵异之物，西方人认为琉璃有很强的磁场，喜欢在身上多多佩带，增加自己的好气场。

凝聚东方智慧的佛教认为，琉璃光照天地人三界之暗。所居东方净土的药师琉璃光如来，发愿“愿我来世，得菩提时，心如琉璃，内外明澈，净无瑕秽”，因此古法琉璃成为佛家七宝之冠，具有避秽纳瑞的功效。

琉璃已有两千四百多年的历史，自古以来一直是皇室专用，对使用者有极其严格的等级要求，所以民间很少见。琉璃宝珠（古称西施泪）自古以来就是忠贞爱情的象征，并具招财纳福的神奇功效。相传，越国战败，越女西施被送到吴国，行将离别时，恋人范蠡送了一颗自制的珠子作为信物，西施看后潸然落泪。后人为了纪念这种爱情信物，称之为琉璃。

人生若只如初见

人生在世确实有许多无可奈何，爱别离之苦，每每让人泪流成海。

别离只是一刹那，真正烦恼我们的是爱，那记忆中的爱跟随我们到天涯海角，沉甸甸地搁在心中，无法卸载和清除。然而，一旦脑海中的想象变成真实，才发现根本不是那么回事。尽管心仿佛还停留在过去，无常的因缘已在不知不觉中将人彻底改变，当现时的鸿沟产生时，就已经不是爱不爱的问题了。

人生若只如初见，多么美好。很多人的心田，只能耕作一次，后来的人，只能眼睁睁地看着他荒芜、死去。荒芜未尝不是一种保留，因其静默，你无法了解其中蕴藏的情感是如何汹涌。

制作“泪珠”时，恰好有一件爱别离之苦，心酸涩得不能自抑，在工厂中看到葡萄紫的琉璃，制作中由于自己走神，将文饰做得一塌糊涂，烦乱中，索性一直煅烧下去，烧着烧着，琉璃在我手中幻化成了一颗硕大的泪珠，清澈地挂在手中。这个年纪的泪，没有少年泪的清澈，没有老年泪的混浊，有的只是“等闲变却故人心，却道故人心易变”，欲语还休。

女人香

有一种女人生来香气怡人，此香“沁人心脾，闻之则五体通泰”，这就是古代的香妃传说。其实女人香是一种格调、一种品位、一种气质。睿智的女人身上散发着的迷人芬芳，透过她的举手投足，幽香四溢。

在去凤凰古城的那天，我带上了我的红色女人香，希望借凤凰之行让我登高远眺，让自己体会凤凰涅槃后的永生，让往日的阴霾，被凤凰山上的风吹得干干净净。

那天下榻的农舍异常寒冷，小时候有一次中煤气的经历，也不敢将房东大嫂给的木炭火盆放在屋里。好在朋友怜惜，多给了一床被子。躺在被窝里仿佛是睡在露天，阵阵山风袭来，呜咽的清冷让人无法入睡。我和同住的小姐妹也顾不得舒服不舒服，干脆只脱掉外衣和衣而眠，在被子中缩成一团。习惯夜读的我，读着介见师的《禅心妙语》，渐渐进入梦乡。在梦中还一直攀爬在凤凰山上，一夜睡得十分不安稳。

回到西安，洗澡时才发现，只有银链和一半的银制搭钩在颈间守望，女人花已离我而去，它留在了凤凰。也许那才是她该去的地方。我怀念我的女人花，更加怀念凤凰，怀念过往，和远方。想念那里淳朴的民风，可爱的乡亲。

瑶光

瑶，美玉也，瑶光应是美玉发出的光芒。瑶光来自我少年时代的记忆。我第一次知道瑶光这个词是儿时的夏天。一九七六年唐山大地震，那一年的夏天，全国人民都是在广场等宽阔的地带度过的，我也不例外。那一年的天空似被清洗过，异常明亮。在夏夜明晰的苍穹下，我第一次认识了北斗七星，认识了瑶光，这个七星中最后的一颗，知道了星星是靠什么来发光。如今，我带着感激之情，将我的瑶光奉献给有情众生。希望借我感恩的光亮，让瑶光发出熠熠星辉。

花开见佛

一个酝酿已久的事，终于迈出决定性的一步，心里一块悬着的石头落地了，人也似泄了气的皮球，疲惫地瘫软下来。

这一天的喜怒跌宕，实在让我的小小心脏承受不起，很多事凭一腔热情，只有好的发心是不够的，还需要有一颗抗击打的坚强的心。我在不经意间被击中，诧异而纳闷。全心全意为大家办一件顶顶好事，却在一片赞叹声中被丢弃在了半路。这样好的事做成这样，实在是无可奈何，只能说无缘。“夸”字是一个大加上一个亏，也就是说，被别人夸是一件大大吃亏的事情。告诫自己一定要冷静再冷静。

低眉信守静思，在工作室里做出了“花开见佛”。传统中国的绿色和红色制作出的“花开见佛”，是十三朵小山花，吾辈在现实世界中渺小得像这开满山间的小花，微不足道，然也有一颗佛心。一花一世界，一叶一如来。佛教传入中国宗派为十三宗，与西方基督教文化观念相反，“十三”在佛教中被认为是一个吉祥的数字，佛塔也是十三层，代表功德圆满。

为生病的朋友祈愿，并且为他做了功课和供养，最近一直不安的心也安慰了许多。阳光灿烂的天气，没有丝毫的冬日感觉。中午吃饭的饭店里，茶梅开得浓艳，不知今夕何夕。

轮回

去年在北京，朋友带来一款香水，瓶子通红，极好闻的味道，叫作轮回。我不知道香水设计师的灵感来自哪里，也许是佛经吧。

我是个不大为物累的人，然不知道是香水特别的设计还是名字让我挂怀，在香港化妆品店时怎么也想不出的名字，在过关时一下想了起来——轮回。许多年没有换过的香水在那天换了那款叫作“轮回”的娇兰。喜欢的不是那迷人的香气，只是设计师给予它生命的名字。

握着“轮回”的那天，我在工厂制作出了一款叫作“三生石”的琉璃珠粒:混沌的前生、迷雾的今世、期盼的来生。牵牵绊绊，因缘果报，轮回往复，一如《圆觉经》所讲 ：

一切众生，从无始际，由有种种恩爱贪欲，故有轮回，若诸世界一切种性，卵生、胎生、湿生、化生，皆因淫欲而正性命。当知轮回，爱为根本。由有诸欲，助发爱性，且故能令生死相续。欲因爱生，命因欲有，众生爱命，还依欲本。爱欲为因，爱命为果。

一切世界，始终生灭，前后有无，聚散起止，念念相续，循环往复，种种取舍，皆是轮回。未出轮回，而辨圆觉；彼圆觉性，即同流转；若免轮回，无有是处。

譬如动目，能摇湛水，又如定眼，犹回转火，云驶月运，舟行岸移，亦复如是。

可见，轮回的不只是人，整个世界都在轮回。我们看不见云，不表示云消失了，是因为云离开了我们的视线；我们看不见月亮，不表示没有了月亮，而是它运行到背面去了；同样，我们的船一开动，两岸的风景就随着移动，世界的一切也就是这样。人的一生就像行船，出发、靠岸，船（本性）是不变的，但岸（身体）在变，风景（经历）就随之不同了。“轮回”芳香馥郁，一如这譬喻，优美之极，让我不忍触碰。只可珍藏起来，在静谧的夜，拿来把玩，想念一下我的前世今生。

今日腊八，是佛祖成道之日，遥想当年，佛陀住世，令人神往，遗憾的是，众生身居苦难，却不自知，在苦难中随业流转。今日，期盼着佛陀再来，解救苦难的众生，出离轮回。

后 记

儿时懵懂中，总是被祖父揽在怀中，看他开阖的唇，窸窣地读一些我听不懂的文字，那时候我想那一定很有趣。

中学时代，班主任肖老师曾经给我很多鼓励，几乎将我的每一篇作文都拿来作班上的范文，于是我就把作文当成了一件要认真对待的事。

成年后我的工作和写作没有关系，只是满世界疯跑，后来一度喜欢收集登机牌，在每个登机牌边上写上简单的旅行感受。

再后来我遇到了星云大师，他用“诸事圆满”四个字将我摄受，使我成为佛弟子。再后来遇到一个叫香儿的善友，她喜欢我的文字，在她的鼓励和监督下，我开始了写字。

说起来很可笑，我写作的目的是为了悦己和愉人。希望在暮年的某个午后，可以和三五良朋，张着没有牙的嘴，轻声读我曾经的文字。

由于水滴学堂，写字成了一种惯性，不觉间一路走来，竟也积攒了数万文字，和诸多善友，在诸多因缘的聚合下，有了现在呈现在诸位面前的文字。

二〇一一年在佛光祖庭探望师父，师父说要给我起个名字。我说好，于是便有了“尘缘”这个书名。

师父上人赐名“尘缘”已经几年有余，对于出书这件事，我总是心里惴惴，总是担心自己的文字不够好。我一直是个志大才疏的人，无法准确将自己在这几年中获得的喜悦完全表达出来，这多多少少让我有些遗憾。

二〇一二年由于办法门寺首届国际佛教艺术节，书再次被放下，这一放又是经年。二〇一三年去探望师父上人，师父希望我留在他身边，一度让我犹豫。奈何我是个如约之人，不能负别人。看着逐渐老迈的师父，让我很是难过，答应过师父的事情还没有办到，今日就在这个发愿，将这个师父赐名的《尘缘》做好，聊慰师父的垂爱。

在此我要感恩一切我爱和爱我的人，感谢你们，没有你们的支持我无法走到今天，谢谢大家。愿一切美好与大家同在。